全国专业技术人员继续教育培训教材

QUANGUO ZHUANYE JISHU RENYUAN JIXU JIAOYU PEIXUN JIAOCAI

当代科学技术前沿知识读本

人力资源社会保障部专业技术人员管理司 / 组织编写

白春礼 / 主编

中国人事出版社

图书在版编目(CIP)数据

当代科学技术前沿知识读本/人力资源社会保障部专业技术人员管理司组织编写；白春礼主编. -- 北京：中国人事出版社，2020

全国专业技术人员继续教育培训教材

ISBN 978-7-5129-1462-9

Ⅰ.①当… Ⅱ.①人…②白… Ⅲ.①科学技术-技术发展-世界-技术培训-教材 Ⅳ.①N11

中国版本图书馆 CIP 数据核字（2019）第 264960 号

中国人事出版社出版发行

（北京市惠新东街 1 号　邮政编码：100029）

*

保定市中画美凯印刷有限公司印刷装订　　新华书店经销

787 毫米×1092 毫米　16 开本　16.75 印张　221 千字

2020 年 6 月第 1 版　2022 年 12 月第 3 次印刷

定价：35.00 元

读者服务部电话：（010）64929211/84209101/64921644

营销中心电话：（010）64962347

出版社网址：http://www.class.com.cn

版权专有　　侵权必究

如有印装差错，请与本社联系调换：（010）81211666

我社将与版权执法机关配合，大力打击盗印、销售和使用盗版图书活动，敬请广大读者协助举报，经查实将给予举报者奖励。

举报电话：（010）64954652

《当代科学技术前沿知识读本》

主　编：

白春礼　中国科学院　院长、院士

副主编：

潘教峰　中国科学院科技战略咨询研究院　院长、研究员

张　凤　中国科学院科技战略咨询研究院　副院长、研究员

编　委：

于　渌　中国科学院理论物理研究所　院士

李国杰　中国科学院计算技术研究所　院士

陈　勇　中国科学院广州能源研究所　院士

薛勇彪　中国科学院遗传与发育生物学研究所　研究员

朱　江　中国科学院大气物理研究所　研究员

吴　季　中国科学院国家空间科学中心　研究员

吴家睿　中国科学院上海高等研究院　研究员

胡瑞忠　中国科学院地球化学研究所　研究员

相建海　中国科学院海洋研究所　研究员

徐　坚　中国科学院化学研究所　研究员

于建荣　中国科学院上海营养与健康研究所　研究员

王海名　中国科学院科技战略咨询研究院　副研究员

黄龙光　中国科学院科技战略咨询研究院　副研究员

安培浚　中国科学院资源环境科学信息中心　副研究员

袁建霞　中国科学院科技战略咨询研究院　副研究员

张　放　中国科学院人事局　处长

刘　杨　中国科学院人事局　职员

出版说明

善于学习,就是善于进步。面对当今世界百年未有之大变局,面对进行伟大斗争、伟大工程、伟大事业、伟大梦想的波澜壮阔实践,我们就必须更加崇尚学习、积极改造学习、持续深化学习。专业技术人才是我国人才队伍的骨干力量,继续教育是专业技术人才队伍建设的重要举措。坚持党管人才原则,抓好专业技术人员继续教育,对于培养和造就一支规模宏大、结构合理、素质优良、具有国际竞争力的专业技术人才队伍,加快形成我国人才竞争比较优势具有重大意义。

长期以来,党和政府高度重视专业技术人员继续教育工作,《国家中长期人才发展规划纲要(2010—2020)》将专业技术人才知识更新工程确定为国家重点人才工程。2015年,人力资源社会保障部颁布出台了第一部面向全体专业技术人员继续教育的部门规章——《专业技术人员继续教育规定》。2018年11月,中共中央印发《2018—2022年全国干部教育培训规划》,明确由人力资源社会保障部负责组织实施专业技术人员继续教育,并提出要加强教材建设,开发一批适应干部履职需要和学习特点的培训教材和基础性知识读本,开发各具特色、务实管用的培训课程和教材。

为贯彻落实《2018—2022年全国干部教育培训规划》和《专业技术人员继续教育规定》,有效推动专业技术人员继续教育工作的深入开展,人力资源社会保障部会同中国科学院、中国人事科学研究院等单位,组织相关领域的专家学者，修订和编写了全国专业技术人员继续教育培训教材。这套教材突出政治引领，以提升专业技术人员思想政治素质和职业素养、创新创造创业能力为重点，以新理论、新知识、新技术、新方法为主要内容，着力引导广大专业技术人员的思想、能力、行动跟上党中央要求、跟上时代前进步伐、跟上事业发展需要。

本套教材根据专业技术人员在职培训和成人学习的特点，设置了导读、核心概念、典型案例、知识链接等栏目，不仅为教学活动和培训评估提供规范和指引，而且适合广大专业技术人员自学和延伸阅读。希望本套教材有助于广大专业技术人员完善知识结构、增强创新能力、提升综合素质，成为专业技术人员的知识更新之舟、能力提升之桥。

目 录

第一讲 新一代信息技术 ·· 1
 第一节 人工智能 ·· 2
 第二节 云计算 ·· 7
 第三节 大数据 ·· 8
 第四节 物联网 ··· 11
 第五节 区块链 ··· 12
 第六节 第五代移动通信技术 ····································· 14
 第七节 移动互联网 ··· 15
 第八节 量子通信与量子计算机 ··································· 17
 第九节 高性能计算 ··· 20

第二讲 材料与制造 ·· 23
 第一节 纳米材料 ··· 24
 第二节 新型能源、信息、生物材料 ······························· 26
 第三节 智能、仿生材料 ··· 29
 第四节 绿色制造 ··· 30
 第五节 智能制造 ··· 33
 第六节 增材制造 ··· 36

第三讲 生命健康科技 ·· 39
 第一节 精准医学 ··· 40

第二节　干细胞与再生医学 …………………………………… 41
　　第三节　基因编辑 ……………………………………………… 42
　　第四节　脑科学 ………………………………………………… 43
　　第五节　重大慢性病防治 ……………………………………… 44
　　第六节　新发传染病防治 ……………………………………… 46
　　第七节　重大创新药物 ………………………………………… 48
　　第八节　新一代疫苗 …………………………………………… 50
　　第九节　医疗仪器 ……………………………………………… 51
　　第十节　生命伦理 ……………………………………………… 52

第四讲　生态与环境科技 …………………………………………… 57
　　第一节　生物多样性 …………………………………………… 58
　　第二节　大气污染防治 ………………………………………… 62
　　第三节　雾霾成因机理与防治 ………………………………… 65
　　第四节　气候变化 ……………………………………………… 67
　　第五节　自然灾害预测、预警与风险管理 …………………… 70
　　第六节　可持续发展 …………………………………………… 75
　　第七节　生态保护与修复 ……………………………………… 80
　　第八节　环保产业技术 ………………………………………… 85

第五讲　现代农业科技 ……………………………………………… 93
　　第一节　分子模块与全基因组育种技术 ……………………… 94
　　第二节　病虫害免疫分子生物学机理及其应用技术 ………… 97
　　第三节　光合作用分子机理及其应用技术 …………………… 99
　　第四节　生态高值农业体系 …………………………………… 101
　　第五节　精准农业和信息农业 ………………………………… 103
　　第六节　资源节约型和环境友好型农业技术 ………………… 107
　　第七节　智能高效设施农业 …………………………………… 112

第六讲　能源科技 … 115

- 第一节　化石能源的清洁高效利用 … 116
- 第二节　可再生能源的规模化开发 … 121
- 第三节　新能源与可再生能源分布式利用 … 127
- 第四节　新能源汽车 … 132
- 第五节　先进核电系统的安全利用 … 137
- 第六节　非常规能源勘探开发利用 … 142
- 第七节　有机废物能高效清洁利用 … 146
- 第八节　规模化储能与输电关键技术 … 148

第七讲　资源科技 … 159

- 第一节　水资源科技 … 160
- 第二节　生物质能源及能源植物科技 … 167
- 第三节　油气资源探测技术 … 174
- 第四节　特殊生物种质资源科技 … 177
- 第五节　矿产资源清洁与循环利用科技 … 183
- 第六节　深部和隐伏矿产资源科技 … 188

第八讲　空间科技 … 193

- 第一节　空间通信与导航 … 194
- 第二节　空间对地观测 … 200
- 第三节　载人航天与空间站 … 203
- 第四节　新型运载火箭 … 208
- 第五节　空间态势感知 … 213
- 第六节　深空探测 … 215
- 第七节　空间科学 … 220

第九讲　海洋科技 ……………………………………………… 223
第一节　深海探测开发 ……………………………………… 224
第二节　深海生物资源 ……………………………………… 228
第三节　近海生态系统可持续发展 ………………………… 232
第四节　海水淡化与综合利用 ……………………………… 236
第五节　海洋立体综合观测系统 …………………………… 241

第十讲　基础前沿研究 …………………………………………… 245
第一节　宇宙演化 …………………………………………… 246
第二节　物质结构 …………………………………………… 249
第三节　生命起源 …………………………………………… 251
第四节　意识本质 …………………………………………… 253
第五节　数学与复杂系统科学 ……………………………… 255

参考文献 …………………………………………………………… 257

第一讲
新一代信息技术

　　信息技术是当今世界创新速度最快、通用性最广、渗透性最强的高技术，信息科技领域的创新能力和发展水平是国家创新能力的突出体现。信息技术的发明创造和广泛应用，有效地促进了硬件制造与软件开发相结合，物质生活与服务管理相结合，实体经济与虚拟经济相结合，形成了经济社会发展的强大驱动力。20世纪中叶以来，人类对信息的需求日益增加，促使信息科技成为发展最迅速、影响最广泛的高科技。

　　目前，以人工智能、移动互联网、物联网、大数据、5G（第五代移动通信）等技术为代表的新一代信息技术正在重塑信息科技及产业的发展格局。"万物互联"成为新趋势，5G等技术有望成为未来数字经济乃至数字社会的"神经系统"，并带来一系列产业创新和巨大经济及战略利益。量子计算机等颠覆性新技术在未来20年内有可能广泛应用，为信息时代开拓新的局面。

第一节　人工智能

人工智能是研究和开发用于模拟、延伸和扩展人的智能的理论、方法、技术及应用系统的新的技术科学，其技术应用的细分领域包括机器学习、语音识别、自然语言处理、计算机视觉等。1956年，"人工智能"一词在美国达特茅斯学院举办的一次会议上被提出，这被看作是人工智能正式诞生的标志。此后，人工智能进入了快速发展阶段。然而，由于计算机内存和运算速度的限制，人工智能的研发在20世纪70年代陷入了低谷。20世纪80年代，专家系统和计算机的发展促进了人工智能的再次崛起，然而，到20世纪90年代初，人工智能被认为并非下一个发展方向，失去了资金支持，再次陷入了低谷。近年来，随着互联网、大数据、云计算等的兴起，人工智能进入了全面的爆发期。当前，新一代人工智能已成为全球新一轮科技革命和产业变革的着力点，成为新一代信息技术的聚焦点，推动经济社会各领域从数字化、网络化向智能化加速跃升。

目前，全球已有近二十个国家发布了加强人工智能研发和促进人工智能应用的战略，各国根据自身发展的特点，制定的战略在技术研发、人才培养、道德伦理、数据、基础设施等方面各有侧重。美国、日本、德国、法国、英国等发达国家依然是人工智能领域的引领者和关键参与者，其人工智能战略展现了抢占未来战略高地的宏图。我国政府高度重视人工智能发展，已把人工智能技术提升为国家发展战略，提出三步走战略，以使我国人工智能水平达到世界领先水平。

一、机器学习

学习是人类智能的主要标志和获取知识的基本手段。机器学习是指通过数据和算法在机器上训练模型，并利用模型进行分析决策与行为预测的过程。机器学习是人工智能的一个核心研究领域，是计算机具有智能的根本途径。

机器学习与人工神经网络研究有密切关系。20世纪五六十年代，基于人工神经网络的人工智能研究兴起，但从20世纪60年代末开始，神经网络的研究也陷入了近二十年的停滞。1986年，美国科学家杰弗里·欣顿等发明了反向传播算法，神经网络的研究开始复苏。2006年，杰弗里·欣顿等提出了深度学习模型，开启了深度学习的大门，在各国政府、高校和企业中掀起了研究深度学习的大浪潮。2016年3月，谷歌公司人工智能阿尔法围棋（AlphaGo）战胜围棋世界冠军李世石，引发了基于深度学习的人工智能爆发。

阿尔法围棋

阿尔法围棋是一款围棋人工智能程序，它通过两个不同神经网络"大脑"合作来改进下棋。第一个"大脑"学习了大量棋谱后形成了超强的预测能力，即提前预测到对方会把棋子下到哪里。第二个"大脑"则先假设棋子下在某一点，然后模拟之后的过程来判断怎样走棋才能赢。2016年3月，阿尔法围棋与围棋世界冠军李世石进行围棋人机大战，以4∶1的总比分获胜。2016年末至2017年初，阿尔法围棋在中国棋类网站上以"大师"（Master）为注册账号与中、日、韩数十位围棋高手进行快棋对决，连续60局无一败绩。2017年5月，阿尔法围棋与排名世界第一的世界围棋冠军柯洁对战，以3∶0的总比分获胜。围棋界公认阿尔法围棋的棋力已经超过人类职业围棋顶尖水平。2017年10月，最强版阿尔法围棋公布，代号为AlphaGo Zero，它不使用任何人类数据，完全是自我学习，从自我对弈中实践。经过3天的自我训练，AlphaGo Zero就强势打败了此前战胜李世石的旧版AlphaGo，战绩是100∶0。经过40天的自我训练，AlphaGo Zero又打败了AlphaGo Master版本。

二、语音识别

语音识别是将人类的声音信号转化为文字或者指令的过程,其研究涉及的领域包括计算机科学、信号处理、模式识别、声学、语言学和认知科学等。语音识别的主要目的是让智能设备能够具有和人类一样的听识能力,同时将人类语言所表述的自然语义自动转换为计算机能理解和操作的结构化语义,完成实时的人机交互功能。语音识别技术能带来人机交互的根本性变革,是大数据和认知计算时代未来发展的制高点之一。

语音识别技术的研究最早开始于20世纪50年代,1952年,美国贝尔实验室研发出了10个英文数字的语音识别系统。20世纪60年代后,在信号处理方面出现了线性预测编码和动态时间规整技术两项重要技术。20世纪80年代后,大词汇量、连续语音识别等成为重点研究的对象。20世纪90年代开始,语音识别逐渐进入产业应用。近年来,语音识别技术在电子信息、互联网、医疗、教育、办公等领域得到了广泛的应用,形成了智能语音助手、智能音箱、车载语音系统、智能会议系统等产品,可以通过用户的语音指令和谈话内容实现陪伴聊天、事务安排、信息查询、路径导航、会议记录等功能。

知识链接

国际多通道语音分离和识别大赛

国际多通道语音分离和识别大赛(Computational Hearing in Multisource Environments,CHiME)属于国际语音识别评测中的高难度比赛,始办于2011年,由法国计算机科学与自动化研究所、英国谢菲尔德大学、美国三菱电子研究实验室等知名研究机构发起。比赛的目的是希望学术界和工业界针对高噪声和混响等现象影响下的实际场景提出全新的语音识别解决方案,以进一步提升语音识别的实用性和普适性。目前 CHiME 比赛已经举办五届(2011年、2013年、2015年、2016年、2018年),成为业界影响力最大、参赛队伍最多、水平最高的多通道噪声鲁棒性语音识别比赛。往届的比赛参赛队伍包括英国剑桥大学、美国卡内基梅隆大学、日本电报电话公司、德国亚琛工业大学等知名研究机构，国内有清华大学、中国科学院声学研究所、中国科学院自动化研究所、上海交通大学等知名高校和研究所参与。历届冠军分别为：第一届，芬兰阿尔托大学；第二届，德国慕尼黑工业大学；第三届，日本电报电话公司；第四届，我国科大讯飞公司；第五届，我国科大讯飞公司。

三、自然语言处理

自然语言是指人们日常交际所用的语言，自然语言处理是研究计算机处理人类语言的一门技术，是机器理解并解释人类写作与说话方式的能力。实现人机间的信息交流，是人工智能界、计算机科学和语言学界所共同关注的重要问题。

机器翻译

数据显示，目前全球语言服务市场潜力很大，机器翻译更是市场上的"红人"，2018年机器在线翻译量每日高达8 000亿至1万亿个词语。同时，我国机器翻译市场需求与日俱增，主要集中于企业用户，涉及石化、机电、交通运输、金融、旅游等多个垂直领域。

2018年12月，合肥师范学院举办了一场特殊的考试。说它特殊，是因为"考生"只有一个，是科大讯飞的一套机器翻译系统。考题来自刚结束的大学英语六级（CET6）考试，评分的是两位具有六级阅卷经验的高校资深专家。"考生"一口气做了三道翻译题，每道题满分15分，它得到13分的均分，每题用时只有5秒。参考往年大学英语六级翻译考题的表现，可达到优秀六级考生的水平。六级翻译题涉及文化、经济、历史、社会等多领域，还有不少专业表达或中国特色词汇，在整个翻译系统可供训练的语料中是比较匮乏的。

科大讯飞为了破解这一难题，对神经机器翻译进行若干改进，其中一项重要改进是领域翻译技术，即在通用翻译模型之上进行了领域定制，从而形成面向行业的翻译解决方案。基于机器翻译技术的不断突破及创新方案的提出，"身怀绝技"的机器翻译系统也得以在应用领域内"大显身手"。

自然语言处理兴起于美国。20世纪50年代，美国希望利用计算机将大量俄语材料自动翻译成英语，以探知苏联科技的最新发展。1954年，美国乔治敦大学和IBM公司合作试验，成功地将超过60句俄语自动翻译成英语。然而，1966年，美国国家科学院语言自动处理咨询委员会（ALPAC）发布报告《语言与机器》，对机器翻译采取了否定的态度，导致人工智能发展开始陷入低谷。20世纪90年代以后，计算机运算速度和存储量的大幅增加，以及互联网的发展，促进了自然语言处理的快速发展。2008年后，人们逐渐引入深度学习来研究自然语言处理，在机器翻译、问答系统、阅读理解等领域取得了一定成功。

自然语言处理的应用方向主要有文本分类和聚类、信息检索和过滤、信息抽取、问答系统、机器翻译等。其中，文本分类和聚类主要是将文本按照关键字词做出统计，建造一个索引库，当有关键字词查询时，可以根据索引库快速地找到需要的内容。此方向是搜索引擎的基础。信息检索和过滤是网络瞬时检查的应用范畴，在大流量的信息中寻找关键词，找到后对关键词做相应处理。信息抽取是为人们提供更有力的信息获取工具，直接从自然语言文本中抽取事实信息。问答系统是以自然语言的形式与用户进行交互，以准确而快速的自然语言去回答用户提出的问题。机器翻译是当前最热门的应用方向，神经机器翻译（NMT）自2014年在科学论文中首次被提及以来，已使机器翻译领域出现翻天覆地的变化，它开始全面超越以统计模型为基础的统计机器翻译（SMT），快速成为在线翻译系统的主流标配。市面上的神经机器翻译系统越来越多，国内的阿里巴巴、腾讯、百度、科大讯飞、搜狗，国外的谷歌、脸书、微软等都在布局。

第二节 云计算

　　云计算是一种可通过便捷和按需网络访问的方式获取可配置计算资源（包括网络、服务器、存储、应用和服务等）共享池的模式，它能通过尽可能少的管理工作或与服务提供商交互的方式进行快速配置和发布。云计算是信息技术发展和服务模式创新的集中体现，是信息化发展的重大变革和必然趋势，是信息时代国际竞争的制高点和经济发展新动能的助燃剂。云计算引发了软件开发部署模式的创新，成为承载各类应用的重要基础设施，并为大数据、物联网、人工智能等新兴领域的发展提供基础支撑。

　　云计算的资源共享、虚拟化等技术的雏形在20世纪70年代就已出现，但作为一个新的理念、新的融合技术和网络应用模式，由谷歌公司于2006年8月首次提出。2007年后，云计算成为计算机领域最令人关注的领域之一，也是大型企业、互联网建设的重要研究方向。

　　云计算的服务模式分为三类，包括基础设施即服务（IaaS）、平台即服务（PaaS）和软件即服务（SaaS）。基础设施即服务主要是提供存储服务和计算服务，平台即服务是为开发人员提供通过全球互联网构建应用程序和服务的平台，软件即服务是通过互联网提供实时运行软件的在线服务。从全球范围来看，亚马逊、微软和谷歌等国际企业在云计算服务中处于领先地位。在政府积极引导和企业战略布局等推动下，我国云计算产业发展势头迅猛，阿里巴巴、腾讯等企业在国内云计算市场中占有较大份额。

知识链接

云医疗

　　云医疗，是指在云计算、移动技术、大数据、物联网等新技术基础上，结合医疗技术，使用"云计算"来创建医疗健康服务云平台，实现医疗资源的共享和医疗范围的扩大。云医疗有助于提高医疗机构的效率，方便居民就医,像现在医院的预约挂号、电子病历、医保等都是云计算与医疗领域结合的产物。云医疗还具有数据安全、信息共享、动态扩展、布局全国的优势。贵州省"贵阳市人口健康信息云平台"(以下简称"健康云")是一个典型的例子。"健康云"于2016年开始建设,开发建设了人口健康数据服务系统、医疗业务监管系统、医疗核心业务系统、医疗机构协同应用系统、居民健康管理应用、健康大数据应用平台六方面的39个业务子系统。通过三年建设应用,"健康云"汇聚了市县乡三级医疗机构诊疗数据、市县乡村四级基层公共卫生数据、全市妇幼保健数据、预防接种数据等,不仅在基层医疗机构内实现医疗业务系统全面互联互通,还打通了公共卫生体系与基层医疗系统的界限,实现了所有平台覆盖的医院信息系统与区域平台互联互通。例如,贵阳市内的乡镇卫生院在完成病人心电图数据采集后,上级医院就能立即根据这些数据资料做出医疗诊断,并将结果回馈至基层医生的工作电脑,基层医生随后在检查报告的指导下对病患进行抢救或治疗。在足够理想的状态下,以往看病需要花上数小时甚至一天时间去奔波,如今最少只需五分钟。

第三节 大数据

大数据是以容量大、类型多、数据产生快、应用价值高为主要特征的数据集合,正快速发展为对数量巨大、来源分散、格式多样的数据进行采集、存储和关联分析,从中发现新知识、创造新价值、提升新能力的新一代信息技术和服务业态。信息技术与经济社会的交汇融合引发了数据迅猛增长,数据已成为国家基础性战略资源,大数据正日益对全球生产、流通、分配、消费活动以及经济运行机制、社会生活方式和国家治理能力产生重要影响。

大数据成为塑造国家竞争力的战略制高点之一,各国纷纷将大数据作为国家发展战略,将产业发展作为大数据发展的核心。美国通过"大数据研究与发展倡议"和"联邦大数据研发战略规划",不断加强在大数据研发和应用方面的布局。欧盟通过"数据驱动的经济"战略,倡导欧洲各国抢抓大数据发展机遇。英国、日本、澳大利亚等国也出台类似政策,推动大数据应用,拉动产业发展。我国通过《促进大数据发展行动纲要》和《大数据产业发展规划(2016—2020年)》,提出实施国家大数据战略,大力促进我国大数据应用、产业和技术的发展。

知识链接

美国"联邦大数据研发战略规划"

2016年,美国国家科技委员会网络与信息技术研发分委员会发布"联邦大数据研发战略规划",提出了联邦大数据研发的七大战略,从而推进人类对所有科学、医药和安全领域的理解,确保美国持续的研发领导地位,以及通过研究与发展提高美国解决国内和全球面临的急迫的社会与环境问题的能力。七大战略的主要内容以及有代表性的重点研究方向包括:

1. 利用新兴大数据基础、方法和技术创建下一代能力。主要内容包括:持续并不断增加对下一代大规模数据收集、管理和分析以及大数据的隐私、安全和伦理研究的投资,扩展计算系统以紧跟数据规模、速度与复杂性不断发展的步伐,以及发展提高未来大数据能力的新方法。研究重点是社会计算相关研究,诸如众包、公民科学等。

2. 支持致力于探索和理解数据及其产生的知识的可信度的相关研发。包括:了解数据可靠性和知识的有效性,以及设计支持数据驱动型决策的工具,以帮助做出最佳决策,产生突破性发现,采取有把握的行动。研究重点是开发能够利用广泛多样性的数据输入的稳健统计方法。

3. 建设和加强研究网络基础设施,保证支持机构使命的大数据创新。包括:通过国家协调行动强化国家数据基础设施,发展用于大数据的先进科学网络,满足研究界对于灵活、多样的基础设施资源的需求,以及强化对相关人员的教育和培训,使他们能够充分地利用可用工具。

4. 通过促进和改善数据共享与管理的政策提高数据价值。包括：发展最佳元数据实践以提高数据透明性和实用性，以及提供有效、可持续和安全的数据集获取方式。研究重点是支持发展灵活、高效和可用的数据接口，以适合不同用户群的特定需求。

5. 关注大数据收集、共享和利用中的隐私、安全和伦理问题。包括：提供合理的隐私保护，确保安全的大数据网络空间，以及了解数据合理治理的伦理准则。研究重点是相关方法与工具的开发与完善，以帮助评估数据安全性等。

6. 改善国家大数据教育与培训。包括：持续发展数据骨干科学家队伍，壮大由数据授权领域专家组成的群体，扩大具有数据能力的劳动力队伍，以及在公众中普及数据知识，以满足对广泛劳动力队伍中深度分析人才和分析能力等不断提高的需求。

7. 建立并强化国家大数据创新生态系统中的各种联系。包括：鼓励跨行业、跨机构的大数据合作，完善相关政策和框架等。一种可能的机制是制定相关政策以促进数据跨机构的快速、动态共享，以便对灾害等紧急事件做出快速反应。

政务信息化、智慧城市试点、庞大的网民数量和移动电话用户规模等，使我国已成为产生和积累数据量最大、数据类型最丰富的国家之一。大数据在互联网服务中得到广泛应用，大幅度提升网络社交、电商、广告、搜索等服务的个性化和智能化水平，催生共享经济等数据驱动的新兴业态。电信、金融、交通等行业利用已积累的丰富数据资源，积极探索客户细分、风险防控、信用评价等应用，加快服务优化、业务创新和产业升级步伐。

大数据发展的同时也带来了一系列的问题和需求，数据所有权、隐私权等相关法律法规和信息安全、开放共享等标准规范有待健全，各国政府正通过修改原有法律法规、制定新的法律政策等方式，为大数据的健康发展提供法律上的保障。

第四节　物联网

物联网是通信网和互联网的拓展应用和网络延伸，它利用感知技术与智能装置对物理世界进行感知识别，通过网络传输互联，进行计算、处理和知识挖掘，实现人与物、物与物的信息交互和无缝连接，达到对物理世界实时控制、精确管理和科学决策的目的。物联网涉及感知、控制、网络通信、微电子、计算机、软件、嵌入式系统、微机电等技术领域。物联网是新一代信息技术的高度集成和综合运用，已成为全球新一轮科技革命与产业变革的核心驱动和经济社会绿色、智能、可持续发展的关键基础与重要引擎。

物联网的概念是在1999年提出的，主要是建立在物品编码、射频识别和互联网技术的基础上。2005年，国际电信联盟（ITU）的《ITU互联网报告2005：物联网》界定了物联网的内涵，指出无所不在的物联网通信时代即将来临。2008年后，各国政府开始将物联网作为经济增长的重要抓手。目前，美国、欧盟、日本、韩国等国家和地区在物联网的研发和应用方面处于领先地位，物联网已应用在电力、工业、农业、环境监测、交通、物流、医疗等广泛领域。我国通过《物联网"十二五"发展规划》和《物联网发展规划（2016—2020年）》等，不断提升物联网的应用规模与水平。

物联网将进入万物互联发展新阶段，智能可穿戴设备、智能家电、智能网联汽车、智能机器人等数以万亿计的新设备将接入网络。以信息物理系统为代表的物联网智能信息技术将在制造业智能化、网络化、服务化等转型升级方面发挥重要作用。车联网、健康、家居、智能硬件、可穿戴设备等消费市场需求更加活跃，驱动物联网和其他前沿技术不断融合，人工智能、虚拟现实、自动驾驶、智能机器人等技术不断取得新突破。

共享单车

近年来，共享单车风靡一时，虽然目前有所沉寂，但其对城市居民出行方式的影响极大,甚至成为很多人短距离出行的首选。共享单车是物联网技术在交通出行领域的典型应用。共享单车的技术实现主要包括三大模块:单车上面的智能锁(这个是核心关键,包括了 GPS 定位模块、移动通信芯片、控制芯片、电控锁模块等),用户手中的手机和 App,单车提供商的云服务器(平台)。使用过程中涉及的原理如下:手机先扫单车上二维码,而后向云端发起解锁请求;云端对用户信息、单车信息进行核查,而后将授权信息发送给手机;用户通过手机将解锁指令和授权信息传递给单车的智能锁,智能锁核验授权信息后解锁,并将解锁成功的信息通知手机;手机将解锁成功的信息回复给云端,云端开始给用户计费;在用户骑行过程中,单车和手机 App 会将各自的 GPS 定位信息上报云端应用;骑行结束,用户锁车,单车检测到锁车成功动作后,发送车已锁好的通知消息给云服务器,云服务器结束计费,发送计费信息和车已锁好的信息给用户 App。这一看似简单的过程,包括了物联网技术、移动互联网技术、自动控制技术、GPS 全球定位技术等多个技术领域。

第五节 区块链

区块链是一种在对等网络环境下,通过透明和可信规则,构建不可伪造、不可篡改和可追溯的块链式数据结构,实现和管理事务处理的模式。简单来说,区块链依靠密码学算法,在无法建立信任关系的互联网上,无须第三方中心的介入就可以使参与者达成共识,有效解决了信任与价值的可靠传递难题。区块链的核心技术包括共识机制、数据存储、网络协议、加密算法、隐私保护、智能合约等。

区块链技术较早出现在化名为"中本聪(Satoshi Nakamoto)"的学者在 2008 年发表的奠基性论文《比特币:一种点对点电子现金系统》。2009 年初,比特币网络正式上线运行,中本聪挖出了比特币的第一个区块——创世区块。

而支撑比特币运行的底层技术，就是区块链技术。2013年末，俄罗斯的维塔利克·布特林（Vitalik Buterin）发布以太坊初版白皮书并启动项目。以太坊是一个开源的有智能合约功能的公共区块链平台，通过其专用加密货币以太币提供去中心化的虚拟机来处理点对点合约。智能合约是一种旨在以信息化方式传播、验证或执行合同的计算机协议，允许在没有第三方的情况下进行可信交易，这些交易可追踪且不可逆转。目前，区块链技术被认为是构建未来"信任互联网""价值互联网"的支撑性技术，已成为全球创新领域最受关注的话题，受到投资界、学术界、工业界及政府部门的热烈关注。

虽然各国政府对比特币和各种虚拟币的态度各不相同，但对区块链技术大多持积极的态度。美国对区块链保持警惕而友好的态度，鼓励探索区块链在各领域的应用，注重区块链安全风险的技术应对。2018—2019年，美国召开了多次关于区块链的听证会，探讨区块链技术的新应用、生态系统和监管框架，并提出了《区块链记录和交易法案》《区块链促进法案》《区块链监管确定性法案》等促进区块链良性发展的法案。2018年，韩国科学技术信息通信部发布区块链技术发展战略，明确将培养一万名区块链行业专家，并支持100家公司在畜牧管理、房地产交易、在线投票、航运物流、清关、国家电子文件分发系统等6个领域发展区块链。2019年，德国联邦政府发布国家区块链战略，明确了五大领域的行动措施，包括在金融领域确保稳定并刺激创新；支持技术创新项目与应用实验；制定清晰可靠的投资框架；加强数字行政服务领域的技术应用；传播普及区块链相关信息与知识，加强有关教育培训及合作等。我国也积极推动区块链技术的发展，2016年，国务院印发《"十三五"国家信息化规划》，将区块链技术列为战略性前沿技术，2018年，工业和信息化部印发《工业互联网发展行动计划（2018—2020年）》，鼓励区块链等新兴前沿技术在工业互联网中的应用研究与探索。2019年，习近平总书记在中央政治局第十八次集体学习时强调，把区块链作为核心技术自主创新重要突破口，加快推动区块链技术和产业创新发展。

区块链技术的集成应用在新的技术革新和产业变革中起着重要作用。目前,区块链技术应用已延伸到数字金融、物联网、智能制造、供应链管理、数字资产交易等多个领域。然而,区块链尚处于概念验证和技术发展阶段,技术、市场和管理还有很多不确定性,尚需时间进行技术验证和经验积累。未来一段时期内,区块链将加速向更多领域延伸拓展。区块链在教育、就业、养老、精准脱贫、医疗健康、商品防伪、食品安全、公益、社会救助等领域的应用,将为人民群众提供更加智能、更加便捷、更加优质的公共服务。区块链在信息基础设施、智慧交通、能源电力等领域的应用,将提升城市管理的智能化、精准化水平。同时,我们要加强对区块链技术的引导和规范,加强对区块链安全风险的研究和分析,建立适应区块链技术机制的安全保障体系,推动区块链安全有序发展。

第六节 第五代移动通信技术

5G(第五代移动通信技术)是新一代移动通信技术,其性能目标是高数据速率、减少延迟、节省能源、降低成本、提高系统容量和大规模设备连接。5G作为一项通用型技术,将多种物联网场景以卓越的性能进行互联,与大数据、云计算、人工智能等新一代信息技术相结合,带动车联网、智能家居、医疗健康等垂直行业蓬勃发展,并催生大量的行业应用及就业机会,从消费到生产,从平台到生态,全面推动数字经济发展迈上新台阶。

全球各国和地区的数字经济战略均将5G作为优先发展的领域,力图超前研发和部署5G网络,普及5G应用,加快数字化转型步伐。欧盟通过5G行动计划,明确欧盟在5G频率、标准、试验、商用、行业应用、资金投入及国际合作等方面的推进计划。美国于2016年在全球率先发布10.85千兆赫兹的5G高频频谱,并于2017年在11个城市建设了5G技术试验网。日本2017年启动5G技术试验,预计2020年东京奥运会前正式实现5G商用。韩国发布了5G创新战略,启动5G重大项目,并在2018年平昌冬奥会开展了5G预商用试验。2019年,我国工业和信息化部向中国电信、中国移动、中国联通、中国广电发放 5G 商用牌照，标志着我国正式进入 5G 商用元年。华为公司的 5G 技术处于国际领先地位。

从 1G 到 5G 的移动通信发展历程

20 世纪 80 年代，第一代移动通信系统在美国芝加哥诞生，主要用于提供模拟语音业务。由于 1G 采用模拟信号传输，所以其容量非常有限，一般只能传输语音信号，而且安全性和干扰也存在较大的问题。1G 时代的代表是人们熟知的大哥大，即移动手提式电话。

2G 采用的是数字调制技术，可提供数字语音和低速数据业务。相较而言，2G 声音质量较佳，保密性和容量也有大幅提高，同时，2G 时代的手机可以上网和发短信，但数据传输速度很慢。

3G 依然采用数字数据传输，但通过开辟新的电磁波频谱、制定新的通信标准，3G 的传输速度和稳定性得到了很大的提高，传输速度能达 2G 的 100 多倍，使大数据的传送更为普遍，可以支持多媒体数据业务。

2013 年 12 月，工业和信息化部宣布向中国移动、中国电信、中国联通颁发"LTE/第四代数字蜂窝移动通信业务（TD-LTE）"经营许可，即 4G 牌照，移动互联网进入了一个新的时代。4G 采用更加先进的通信协议，在传输速度上有着非常大的提升，能达 3G 的 50 倍，能够支持各种移动宽带数据业务。

5G 传输速度更快、更安全，应用领域更广泛。2013 年开始，欧盟、韩国、中国等陆续开展 5G 技术的研发；2019 年，韩国、美国、瑞士、意大利、英国、阿联酋、西班牙、中国等已开始提供 5G 商用服务。目前，世界上主要的 5G 设备供应商包括华为、爱立信、诺基亚、三星、中兴等。

第七节　移动互联网

移动互联网是指互联网的技术、平台、商业模式和应用与移动通信技术结合并实践的活动的总称。移动互联网颠覆了传统移动通信业务模式，为用户提供前所未有的使用体验，深刻影响着人们工作生活的方方面面。面向未来，移动互联网将推动人类社会信息交互方式的进一步升级，为用户提供增强现实、虚拟现实、超高清视频、移动云等更加身临其境的体验。移动互联网的进一步发展将带来移动流量超千倍增长，推动移动通信技术和产业的新一轮变革。

目前，全球移动互联网产业正在蓬勃发展中，呈现三种生态，包括以操作系统为核心的智能手机、平板电脑及其应用服务的原生生态，以移动互联网应用数据与服务能力为核心的超级应用生态，以泛智能终端为载体的产品及应用生态。我国抓住了移动互联网的创新浪潮，在智能终端、移动应用、移动网络等方面取得长足进步，以电子商务、移动支付、共享经济为代表的新模式、新业态层出不穷，为经济发展注入了新的动力。

知识链接

移动支付

移动支付是指移动客户端利用手机等电子产品来进行电子货币支付。移动支付将互联网、终端设备、金融机构有效地联合起来，形成了一个新型的支付体系，并且移动支付不仅仅能够进行货币支付，还可以缴纳话费、燃气、水电等生活费用。全球不少国家和地区正在感受或已体验到中国的支付速度，并争相向中国取经，中国正在从移动支付的"跟随者"变成"引领者"。

日本是移动支付发展较早的国家，从2004年开始推广移动支付。但没想到，二维码会在中国发扬光大，中国在"无现金化"和移动支付方面已走在世界前列。二维码诞生于1994年。近年来，得益于阿里巴巴的支付宝和腾讯的微信支付，中国开始大规模地使用二维码支付，并获得了重大技术突破。此前，我国的二维码应用主要被日本、美国标准垄断。小小二维码实现了收银环节数字化，这种扫一扫就支付的移动支付方式已成为中国人的生活常态，其随时、随地、随身的特点给人们的生活带来诸多便捷。出门可以不用带钱包，衣食住行，一部智能手机就能搞定，甚至可以足不出户就能完成交水电费、购物和约车。不少市民感叹"出门带钱包的最后一个理由也没了"。移动支付还被外国人评选为中国"新四大发明"之一。

第八节　量子通信与量子计算机

量子信息技术结合了量子力学理论和信息技术，将变革计算、编码、信息处理和传输过程等，可能成为下一代信息技术的重要方向，为提升国家信息技术水平、增强国防实力等提供非常重要的基础支撑。量子信息技术主要包括量子通信、量子计算、量子模拟、量子传感与计量等。量子信息技术经过30多年的发展，在理论和技术方面已经取得重大突破。量子计算的重要进展层出不穷，将推动量子计算机的技术实现；量子模拟技术已经接近经典计算机可以模拟的极限；量子传感与计量也获得了快速的发展。我国成功发射世界首颗量子科学实验卫星"墨子号"，引领了这一方向的科学研究。

量子通信和量子计算机具有巨大应用前景和市场潜力，世界主要国家和地区纷纷瞄准"第二次量子革命"，制订战略计划以抢占量子信息技术的国际领先地位。美国将通过国家量子计划，聚焦量子增强型传感器、光子量子通信网络、量子计算机等方向，加速美国的量子科学发展。欧盟通过欧洲量子旗舰计划来实现原子量子时钟、量子传感器、城际量子链路、量子模拟器、量子互联网和泛在量子计算机等重大应用。英国通过量子传感与计量学中心、量子增强成像中心、量子计算模拟中心、量子通信中心和国家量子计算中心，全面促进新兴量子技术的发展。日本通过量子飞跃旗舰计划，重点发展量子信息处理、量子测量和传感器、下一代激光技术等方向。我国《"十三五"国家基础研究专项规划》和《"十三五"国家战略性新兴产业发展规划》都对量子通信和量子计算机等进行了全面的部署。

一、量子保密通信

量子通信是指利用量子纠缠效应进行信息传递的一种新型的通信方式，其研究主要集中在量子密钥分配、量子隐形传态、量子安全直接通信等方面。其中，量子密钥分配技术初步进入实用化，受到了产业界的关注。量子密钥分配技术应用量子力学的基本特性来确保任何企图窃取传送中的密钥都会被合法用户所发现，从而实现无条件的安全保密通信。

1984 年，美国 IBM 公司和加拿大蒙特利尔大学提出了首个量子密钥分配协议——BB84 协议，奠定了量子密码学发展的基础。2005 年，韩国、中国、加拿大等国学者提出了诱骗态量子密码理论方案，为量子保密通信的实用化打开了大门。多国建立了量子保密通信实验网络，如日内瓦的瑞士量子网、南非的德班网、东京量子密钥分配网络等。

我国在量子密钥分配的实用化方面已跻身世界前列。2007 年实现了国内首个光纤量子电话，之后相继在北京、济南、芜湖和合肥等地建立了多个城域量子通信示范网、金融信息量子通信技术验证专线以及关键部门间的量子通信热线，2016 年我国成功发射世界首颗量子科学实验卫星"墨子号"，2017 年开通量子通信骨干网络"京沪干线"。

二、量子计算机

量子计算是应用量子力学原理来进行高速计算的新型计算模式。量子计算利用量子态的相干叠加性和纠缠特性来实现量子的并行计算，这些特性能指数级地提高计算速度，在某些应用上远超经典计算，因此量子计算可以用来解决一些经典计算难以解决的问题。量子计算机将在化学过程的设计、新材料、机器学习的新范式和人工智能等领域孕育重大突破，可能对金融模型、物流、工程、医疗健康和电信等领域带来经济影响，有望影响医学研究、增强大数据分析、防止网络犯罪、更加精确地预测天气和气候变化。

量子计算的研究工作始于 20 世纪 80 年代。1982 年，美国物理学家理查德·费曼提出了量子计算机的设想。1985年,英国牛津大学的戴维·多伊奇明确提出了量子计算机的概念,并指出任何物理过程原则上都能很好地被量子计算机模拟。1994年,美国贝尔实验室的彼得·肖尔提出大数因子分解的量子算法,证明运用量子计算机能有效地进行大数的因式分解,这一算法展示出量子计算极大地威胁到了广泛用于当今银行和政府部门的RSA密钥体系。自此,全球掀起了研究量子计算的热潮,世界各国的大学、研究机构和企业都纷纷投入量子计算的研究中。

量子计算研究的最终目标是实现真正意义上的量子计算。2011年,加拿大D-Wave公司发布全球第一台商用量子计算机,2018年,D-Wave公司宣布实现了包含2 000个量子比特的量子计算机,然而,D-Wave量子计算机只能用于模拟退火类型的优化计算,没有真正实现量子纠缠。此外,谷歌、IBM、英特尔、微软、阿里巴巴、腾讯、百度等大型企业都开始角逐量子计算机的研制,其中,谷歌和IBM都聚焦超导量子技术,英特尔公司聚焦硅量子点,微软公司聚焦拓扑量子比特。

三、量子传感器

量子传感器指的是利用量子叠加或量子纠缠来获得更高灵敏度和分辨率的新型传感器,能测量光、电、磁场、重力、物体移动等,其性能(灵敏度、精确度和稳定性)比现有技术高出许多,有些能高出若干个数量级。因此,量子传感器在许多领域都有广泛的应用。

(1) 油气勘探。使用量子传感器进行重力测量,可以帮助发现石油和天然气资源,并提高产量,其潜在价值达数万亿元。

(2) 预防自然灾害。重力量子传感器可更准确地监测水位,有助于防洪,还可用于发现地面塌陷和下沉,快速确定地下的有害化学物质等。

(3) 国防和航空航天。量子传感器将改进该领域的精准导航、授时和传感能力,如重力量子传感器可以检测埋藏的炸药;使用基于冷原子的量子传感器,导航系统精度可以达厘米级,而且在水下、地下、隧道和密集建筑环境等卫星导航不可用的环境中也能运行。其他类型的量子传感器能达到毫米级导航精度。

（4）土木工程。在建设新的基础设施和维护地下基础设施时，重力量子传感器还可以帮助更快、更精准、更深地显示地下结构。

（5）医疗保健。改进的磁场量子传感器能提供更容易的方法来筛查痴呆症等疾病，检测早期癌症和心脏病等。新的量子传感器不需要当前技术所依赖的一些笨重且昂贵的设备。

据英国政府科学办公室估算，传感器和仪器仪表行业为英国经济每年贡献140亿英镑，此外，基于传感器数据的服务还会产生更高的经济价值，物联网的出现也将大大扩展传感器的市场。量子传感器将获得良好的市场机遇，与传统技术展开市场竞争。目前，多个领域的量子传感器已生产出原型，正在走向商业化。

第九节 高性能计算

高性能计算机并没有严格的定义，一般来说，高性能计算是利用并行处理和互联技术将多个计算节点连接起来，从而高效、可靠、快速地运行高级应用程序的过程，在许多情况下又被称作超级计算。高性能计算可以应用于核模拟、密码破译、气候模拟、宇宙探索、基因研究、灾害预报、工业设计、新药研制、材料研究、动漫渲染等众多领域，对国防、国民经济建设和民生福祉都有不可替代的重大作用。

1964年，有"超算之父"之称的美国科学家西摩·克雷（Seymour Cray）研制出世界上首台超级计算机CDC 6600，开启了高性能计算技术和产业的持续发展与繁荣。高性能计算的发展可分为两个阶段。第一个阶段是克雷时代，从20世纪60年代到90年代初期，克雷定义和引领了这一阶段的高性能计算市场。第二阶段是多计算机时代，从20世纪90年代至今，大规模互联多个通用乃至商用的计算部件的可扩展系统结构的技术创新主导了迄今为止的高性能计算发展。美国橡树岭国家实验室的杰克·唐加拉等在 1993 年发起了全球超级计算机排名 500 强（每年发布两次），其成为高性能计算机发展的风向标。

知识链接

世界上最快的超级计算机

2019 年 6 月，新一期世界超级计算机排名 500 强公布。排在榜首的是来自美国橡树岭国家实验室的"顶点"，它也由此实现 TOP500 榜单"三连冠"。美国的"山脊"位居次席。我国的"神威·太湖之光"和"天河二号"分列第三、第四名。

1. 顶点

"顶点"是 IBM 公司研制、安装在美国能源部橡树岭国家实验室的超级计算机，其运算速度为 20 亿亿次/秒，是目前世界上运算速度最快的计算机。20 亿亿次/秒是什么概念？打个比方，人脑要花 63 亿年计算出来的结果，"顶点"只需要 1 秒钟。

2. 山脊

"山脊"是 IBM 公司研制、安装在美国能源部劳伦斯利弗莫尔国家实验室的超级计算机，其运算速度为 12.57 亿亿次/秒，是目前世界上第 3 台运算超过 10 亿亿次的超级计算机，是美国第二大计算机。

3. 神威·太湖之光

"神威·太湖之光"是由国家并行计算机工程技术研究中心研制、安装在国家超级计算无锡中心的超级计算机，是世界第一台速度超过每秒 10 亿亿次的超级计算机，其运算速度为 12.54 亿亿次/秒。"神威·太湖之光"的处理器是全国产的。

4. 天河二号

"天河二号"是由国防科学技术大学研制、安装在广州超算中心的超级计算机，其运算速度为 10 亿亿次/秒。

我国从20世纪90年代开始展开了追赶与超越美、日等西方国家高性能计算机的研制工作,主要研制单位包括中国科学院计算技术研究所、国防科技大学和江南计算所等。2010年,"天河一号"登上全球超级计算机500强榜首,我国第一次拥有了全球最快的超级计算机。2013—2015年,"天河二号"连续6次称雄500强榜单。2016年,"神威·太湖之光"取代"天河二号"登上榜首,并获得"四连冠"。2018年至今,美国超级计算机"顶点"超越"神威·太湖之光"登顶,并获得"三连冠"。2019全球超级计算机500强中,中国有219台,占43.8%,远远超过美国拥有的116台。

目前,世界主要国家和地区已经开始瞄准高性能计算的下一个目标——百亿亿次计算,也称为E级计算(ExaScale Computing)。美国以"国家战略性计算计划"为主要纲领,由不同政府部门协同推进未来高性能计算,特别是百亿亿次计算研发与应用。欧盟通过"面向百亿亿次的高性能计算"项目、高性能计算战略研究议程等促进百亿亿次超级计算机技术、应用和系统的开发。日本把百亿亿次超级计算机"后京"(Post-K)的研发列为"旗舰2020计划"。我国《"十三五"国家科技创新规划》明确提出要重点加强百亿亿次级计算机的技术研发和应用。

思考题

1. 新一代信息技术与过去的信息技术有哪些区别,发展新一代信息技术产业的创新生态环境与过去有什么不同?
2. 谈谈新一代信息技术对经济、军事、教育等方面的影响。
3. 信息科学技术未来发展的长期趋势是什么?
4. 结合人工智能和移动通信的发展历史,讨论未来人工智能和量子信息技术的可能发展情景。
5. 基于云计算、量子计算和高性能计算,谈谈未来计算的可能模式。

第二讲
材料与制造

生命、食物、水、能源、材料是自然界和人类存在的五大基本要素。材料与制造是人类文明的物质基础和先导。人类的物质财富主要是制造出来的，材料是制造的基础，材料技术的进步，在不断地改变制造的内容、手段和能力。

材料服务于国民经济、社会发展、国防建设和人民生活的各个领域，支撑了整个社会经济和国防建设。新材料是指新出现的具有优异性能或特殊功能的材料，或是传统材料改进后性能明显提高或产生新功能的材料。新材料技术成为了世界各国必争的战略性新兴产业。发展材料技术将促进包括新材料产业在内的高新技术产业的形成与发展，同时又将带动传统产业和支柱产业的技术提升和产品的更新换代。

制造业是国民经济的重要基础，是立国之本、兴国之器、强国之基，打造具有国际竞争力的制造业，是我国提升综合国力、保障国家安全、建设世界强国的必由之路。云计算、大数据、移动互联网、物联网、人工智能等新兴信息技术与制造业的深度融合，正在引发对制造业研发设计、生产制造、产业形态和商业模式的深刻变革，科技创新已成为推动先进制造业发展的主要驱动力。

第一节 纳米材料

当物质达到纳米尺度之后,大约是在 1~100 纳米这个范围,物质的性质就会发生突变,展现出不同于普通材料的光、电、磁、热、力学等性能。这种具有既不同于原来组成的原子、分子,也不同于宏观物质的特殊结构和性能的材料,即为纳米材料。

1990 年在美国巴尔的摩召开的第一届国际纳米科学技术会议,标志着纳米科技正式诞生,同时,纳米材料也正式成为材料科学的一个新分支。纳米材料分为零维、一维、二维和三维材料,包括纳米颗粒、纳米线、纳米棒、石墨烯、纳米管、纳米球等。2000 年,美国启动"国家纳米计划"(NNI),引发了全球的纳米技术研发热潮。2001—2004 年,有 60 多个国家启动了国家级的纳米技术研发计划,随后,更多的国家加入了这个行列。目前,这些研发计划仍在持续进行中。

纳米科技研究涉及物理、化学、生物学、材料科学和电子学等多个研究领域,是高度交叉的综合性学科,其最终目标是以原子、分子为起点,从纳米材料或纳米结构出发,或利用纳米加工技术,制造出具有特殊功能或者纳米效应的材料、新型器件和系统。纳米材料和纳米技术将对电子信息、微系统与器件、生物医学、能源环境等诸多领域产生重要影响,是绿色技术的重要基础,为发展中国家在技术上实现跨越式发展提供了新机遇,也为可持续发展、解决国计民生问题提供方案。

一、碳纳米管

碳纳米管可看成由石墨片层绕着中心轴按照一定的螺旋度卷曲而成的管状物,其管径一般从几埃(1 纳米等于 10 埃)到 100 纳米,其长度可以达到几十厘米。1991年，日本 NEC 公司的饭岛澄男教授通过高分辨透射电子显微镜首次观察到碳纳米管，自此，碳纳米管引起了科学家的极大关注，成为国际新材料领域的研究热点。

作为典型的一维纳米材料，碳纳米管具有多方面优异的性能，在很多领域具有很大的应用潜力。碳纳米管具有优异的力学性能，抗拉强度是钢的100倍，但其密度只有钢的六分之一，可作为复合材料的增强材料，提高复合材料的强度、弹性等性能。碳纳米管的导电能力很强，比铜高出 2~3 个数量级，可用于制备晶体管、大规模集成电路等。碳纳米管具有极高的热导率，比铜高出 1 个数量级，在散热材料方面有应用。碳纳米管还具有独特的光学特性，在激光辐照下会产生发光现象，在场发射器件、平板显示器等纳米电子器件中有应用前景。

根据管壁的层数不同，碳纳米管可分为单壁碳纳米管和多壁碳纳米管。单壁碳纳米管仅由一层石墨层片卷曲而成，是结构最简单的碳纳米管，多壁碳纳米管可以看作两层或者多层石墨同轴卷曲而成。碳纳米管有多种制备方法，包括电弧放电法、激光烧蚀法、化学气相沉积法等。在不同的条件下，这些方法可以得到不同类型的单壁或多壁碳纳米管。其中，化学气相沉积法可以在低温、常压的条件下低成本制备碳纳米管，并可在生长的过程中对碳纳米管壁数、直径、长度以及取向进行人为调控，因此具有潜在的工业应用前景。

二、石墨烯

石墨烯是碳原子紧密排列成六方蜂巢状、只有一个碳原子厚度的二维纳米材料。2004年，英国曼彻斯特大学物理学家安德烈·盖姆和康斯坦丁·诺沃肖洛夫采用胶带剥离的方法首次制备出石墨烯，并共同获得2010年诺贝尔物理学奖。

石墨烯具有众多优异的性能，已成为材料、物理学和化学领域研究的热点。石墨烯是目前已知最薄且最坚硬的材料，是常温下电子迁移率最高、电阻率最小的材料。此外，石墨烯具有很好的透光性、比表面积超大等突出的物理化学性质，在半导体、光伏、能源、航空航天、国防军工、新一代显示器等领域都有巨大的应用潜力。

世界主要国家和地区都非常重视石墨烯的研发和应用。欧盟在2013年就启动了总投资额为10亿欧元的"石墨烯旗舰计划"，随后，欧盟发布石墨烯科学技术路线图，旨在把石墨烯从实验室推广到社会应用中，引导研究团体和产业界开发基于石墨烯的产品。美国主要通过国家科学基金会（NSF）和能源部（DOE）对石墨烯研究进行资助。我国在《"十三五"国家战略性新兴产业发展规划》对石墨烯产业化应用技术进行了部署。

石墨烯超导

2018年3月，美国麻省理工学院、哈佛大学和日本国立材料科学研究所组成的联合团队研究发现，当两层石墨烯以特定角度（1.1度）扭转，再施加电场，即会展现出目前尚无法被主流理论解释的非常规超导体性质。非常规超导材料是全球物理学家困惑几十年的领域之一。这一发现意味着可以通过简单方法实现材料由绝缘体向超导体的转变，打开了研究非常规超导体的大门。同时该成果还为超导研究带来了新思路，为全新电学性能的探索和工程化提供了良好的研究平台。这一成果被认为在量子计算等领域有巨大应用潜力，被英国物理学会主办的《物理世界》杂志评为2018年十大突破，论文第一作者——麻省理工学院攻读博士的22岁中国青年曹原入选了《自然》杂志评出的2018年度科学人物。

第二节 新型能源、信息、生物材料

随着我国经济、社会及科技的发展，能源资源的供需矛盾日益突出，环境保护日益受到关注，人们生活水平和期望不断提高，高技术迅速发展，对新型能源、信息、生物材料的需求越来越迫切。

能源材料涉及能源转换与存储、节能与新能源技术，在优化能源结构、提高能源利用效率、发展新型能源、解决环境污染等方面具有关键支撑作用。建立充足、清洁、经济和安全的可持续发展能源结构、科学高效地利用和开发能源是我国面临的核心战略问题。

随着信息技术追求目标向数字化、超大容量信息传输、超快实时信息处理和超高密度信息存储的转变，在实现这个目标过程中，信息功能材料是必要条件。信息领域对材料的需求涉及信息的产生、发射、传输、接收、获取、存储和显示各方面，包括：第三代半导体材料、超大容量信息存储材料、先进磁性材料、激光晶体、光纤材料等。

随着经济发展和生活水平日益提高，人们对健康和长寿的追求，激发了对生物医药材料的需求。因此，需要大量性能优异的生物医用材料以供诊治需要，然而，我国还没有形成完整的现代生物医用材料和制品产业体系，国产医药主要集中在低端产品，必须注入新技术、新产品更新企业技术，提高国产生物医用材料的质量，满足社会经济发展的需要。因此，生物医药产业有广阔的发展前景。

一、先进能源材料

先进能源材料是指实现新能源的转化和利用发展新能源技术中所要用到的关键材料，主要包括有机/无机光伏电池、镍氢电池、锂离子电池和超级电容、全固态电池、燃料电池、氢气的产生和存储、热电器件、水分解和光催化、太阳热能、磁致热器件、压电器件等，在家用电子产品（如计算机、热水器、汽车）、工程领域（如温度控制系统、发电装置）、航空航天（如飞机发动机）等领域有广泛的应用。

基于太阳能在新能源领域的龙头地位，美国、德国、日本等发达国家都将太阳能光电技术放在新能源的首位。单晶硅电池、多晶硅电池、砷化镓太阳能电池的转换效率都取得了很大的突破，钙钛矿太阳能电池近年来得到了最为广泛的关注。锂离子电池及其关键材料的研究是先进能源材料技术方面突破点最多的领域,在产业化方面也做得最好。

二、第三代半导体材料

第三代半导体材料即宽禁带半导体材料,又称高温半导体材料,主要包括碳化硅、氮化镓、氮化铝、氧化锌、金刚石等。这类材料具有宽的禁带宽度、高的热导率、高的击穿电场、高的抗辐射能力、高的电子饱和速率等特点,适用于高温、高频、抗辐射及大功率器件的制作。第三代半导体材料在光电子器件、电力电子器件、固态光源、半导体激光器等领域有着广泛的应用。

近年来,欧盟、日本、美国等发达国家和地区非常重视第三代半导体材料,纷纷出台政策、积极研发,抢占战略制高点。欧盟通过框架计划长期支持第三代半导体材料的开发;日本成立"下一代功率半导体封装技术开发联盟",旨在开发产业化焊接技术和布线技术;美国成立"下一代电力电子制造创新研究所",以开发宽禁带半导体功率器件。我国通过国家重点研发计划"战略性先进电子材料"专项,大力支持第三代半导体材料的研发。

随着第三代半导体材料、器件及应用技术不断取得突破,极具竞争力的第三代半导体光电器件、电力电子器件和射频功率器件产品进入市场,将兴起一场以半导体超越照明技术、宽禁带节能电子技术、宽带移动通信硬件技术、先进雷达技术等为主要内容的半导体科技变革,推动第三代半导体产业爆发性成长。

三、生物医药材料

生物医药材料是一类具有特殊性能,应用于疾病的诊断、治疗、康复和预防,以及替换生物体组织、器官、增进或恢复其功能的材料。现代生物医药材料起源于20世纪中期,相关产业在20世纪八九十年代成型,随着临床医学需求和科技发展的巨大驱动力,生物医药材料技术和产业发展迅速。

生物医药材料从最早的齿科、骨科应用，到内置植入器械，再到软组织工程、器官组织工程等，应用范围不断深化和扩大。先进生物医药材料的应用显著提高了疾病患者的生命质量，降低了诸如心血管病、大幅创伤、癌症等重大疾病的死亡率，同时大大降低了医疗费用，有效缓解了患者的就医压力和社会医疗保障体系的压力。

国际生物医药材料及制品市场正在高速增长，已经成为世界经济的新增长点之一，被许多国家列入关键高技术新材料发展计划，是高技术科研领域的先锋方向。生物医药材料的国际关注重点包括组织工程支架材料、植入类诊断和治疗材料、组织修复和替代材料、人造器官等。

第三节 智能、仿生材料

随着科技的发展，现代航天、航空、电子、机械、医疗等高技术领域取得了飞速的发展，人们对所使用的材料提出了越来越高的要求，传统的结构材料或功能材料已不能满足这些技术的要求，材料科学的发展由传统单一的仅具有承载能力的结构材料或功能材料，向多功能化、智能化发展，其中具有代表性的包括智能材料和仿生材料。它们作为新兴的前沿学科，所涉及的专业交叉领域非常广泛，研究难度大，但其发展潜力巨大，应用前景广阔。

一、智能材料

智能材料是指具有感知环境（包括内部和外部环境）刺激，能对其进行分析、处理和判断，并采取一定的措施进行适度响应的智能材料系统，其行为与生命体的智能反应类似，主要包括压电材料、形状记忆材料、电致伸缩材料、磁致伸缩材料、电流变体、磁流变体等。智能材料可以应用在社会生活及国防军工的各个领域，包括医学、航空航天、工程、信息通信、交通、体育等。

智能材料的研发和大规模应用将促进材料科学发展，引发智能制造的普及，近年来，引起了许多发达国家的高度重视。美国重视智能材料在海陆空等军事领域的应用，学术和产业层面覆盖领域较为全面。英国的研究涉及智能复合材料损伤监测、分布式传感器和新型驱动器及其位置优化、土木工程结构的安全监测等。日本聚焦智能材料系统中的传感器、驱动器、处理器，以及形状记忆合金和高分子聚合物压电材料的研究。我国的智能材料研发也在持续开展，在可变形智能材料、磁性智能材料等方面取得了良好的进展。

二、仿生材料

仿生材料是指仿照生命系统的运行模式和生物材料结构规律而设计制造的人工材料，主要包括分子仿生、结构（力学）仿生、行为过程和加工方法仿生、能量仿生、信息处理与控制（神经）仿生等，在医学、生物医用材料、油田开采、传感器及量子器件等领域有广泛的应用。

近年来在仿生材料学发展进程中，已经不断地向复合化、智能化、环境化和能动化的方向发展。德国是仿生领域的领先国家。日本学术振兴会（JSPS）、法国可持续发展委员会（CGDD）、美国国防高级研究计划局（DARPA）、美国国家科学基金会（NSF）纷纷在政策或资金方面积极支持仿生技术发展。我国"十三五"规划也将仿生材料列为重点发展方向。

自然界中生物的结构是通过分子的自组装形成的集合体，利用大自然的启示，通过分子自组装行为构建复合材料的仿生结构，将为复合材料的仿生设计和仿生制备提供广阔的研究空间。

第四节 绿色制造

绿色制造是一种在保证产品的功能、质量、成本的前提下，综合考虑环境影响和资源效率的现代制造模式，通过开展技术创新及系统优化，使产品在设计、制造、物流、使用、回收、拆解与再利用等全生命周期过程中，对环境影响最小、资源能源利用率最高、对人体健康与社会的负荷最小，并使企业经济效益与社会效益协调优化。

随着资源、能源、环境约束的加剧,绿色制造成为各国重振传统制造业、培育和发展新兴产业的发力点。绿色制造是以对矿产、油气、生物质资源进行大规模物理、化学、生物加工的过程制造业的绿色化技术创新、资源循环和替代技术、绿色产品设计为特征的。美国发布的"创新战略"提出了"绿色经济复苏计划",并积极推动实体制造业回归和升级。日本"绿色增长战略"将新型装备制造、机械加工等作为发展重点,提升制造过程中可再生能源的应用和能源利用效率。我国《工业绿色发展规划(2016—2020年)》提出要实施绿色制造工程,加快构建绿色制造体系,大力发展绿色制造产业,推动绿色产品、绿色工厂、绿色园区和绿色供应链全面发展。

面对能源、资源的短缺,环境的恶化,绿色制造是我国的必然选择。我国绿色制造的发展聚焦研发先进节能环保技术、工艺和装备,以加快制造业绿色改造升级,推行低碳化、循环化和集约化,以提高制造业资源利用效率,强化产品全生命周期绿色管理,构建高效、清洁、低碳、循环的绿色制造体系。

绿色制造体系

2016年,《工业和信息化部办公厅关于开展绿色制造体系建设的通知》对绿色制造体系建设的内容进行了详细的阐述,主要包括:

1. 绿色工厂。绿色工厂是制造业的生产单元,是绿色制造的实施主体,属于绿色制造体系的核心支撑单元,侧重于生产过程的绿色化。加快创建具备用地集约化、生产洁净化、废物资源化、能源低碳化等特点的绿色工厂。优先在钢铁、有色金属、化工、建材、机械、汽车、轻工、食品、纺织、医药、电子信息等重点行业选择一批工作基础好、代表性强的企业开展绿色工厂创建,通过采用绿色建筑技术建设改造厂房,预留可再生能源应用场所和设计负荷,合理布局厂区内能量流、物质流路径,推广绿色设计和绿色采购,开发生产绿色产品,采用先进适用的清洁生产工艺技术和高效末端治理装备,淘汰落后设备,建立资源回收循环利用机制,推动用能结构优化,实现工厂的绿色发展。

2. 绿色产品。绿色产品是以绿色制造实现供给侧结构性改革的最终体现,侧重于产品全生命周期的绿色化。积极开展绿色设计示范试点,按照全生命周期的理念,在产品设计开发阶段系统考虑原材料选用、生产、销售、使用、回收、处理等各个环节对资源环境造成的影响,实现产品对能源资源消耗最低化、生态环境影响最小化、可再生率最大化。选择量大面广、与消费者紧密相关、条件成熟的产品,应用产品轻量化、模块化、集成化、智能化等绿色设计共性技术,采用高性能、轻量化、绿色环保的新材料,开发具有无害化、节能、环保、高可靠性、长寿命和易回收等特性的绿色产品。

3. 绿色园区。绿色园区是突出绿色理念和要求的生产企业和基础设施集聚的平台,侧重于园区内工厂之间的统筹管理和协同链接。推动园区绿色化,要在园区规划、空间布局、产业链设计、能源利用、资源利用、基础设施、生态环境、运行管理等方面贯彻资源节约和环境友好理念,从而实现具备布局集聚化、结构绿色化、链接生态化等特色的绿色园区。从国家级和省级产业园区中选择一批工业基础好、基础设施完善、绿色水平高的园区,加强土地节约集约化利用水平,推动基础设施的共建共享,在园区层级加强余热余压废热资源的回收利用和水资源循环利用,建设园区智能微电网,促进园区内企业废物资源交换利用,补全完善园区内产业的绿色链条,推进园区信息、技术服务平台建设,推动园区内企业开发绿色产品,主导产业创建绿色工厂,龙头企业建设绿色供应链,实现园区整体的绿色发展。

4. 绿色供应链。绿色供应链是绿色制造理论与供应链管理技术结合的产物,侧重于供应链节点上企业的协调与协作。打造绿色供应链,企业要建立以资源节约、环境友好为导向的采购、生产、营销、回收及物流体系,推动上下游企业共同提升资源利用效率,改善环境绩效,达到资源利用高效化、环境影响最小化、链上企业绿色化的目标。在汽车、电子电器、通信、机械、大型成套装备等行业选择一批代表性强、行业影响力大、经营实力雄厚、管理水平高的龙头企业，按照产品全生命周期理念，加强供应链上下游企业间的协调与协作，发挥核心龙头企业的引领带动作用，确立企业可持续的绿色供应链管理战略，实施绿色伙伴式供应商管理，优先纳入绿色工厂为合格供应商和采购绿色产品，强化绿色生产，建设绿色回收体系，搭建供应链绿色信息管理平台，带动上下游企业实现绿色发展。

第五节 智能制造

智能制造是基于新一代信息通信技术与先进制造技术深度融合，贯穿于设计、生产、管理、服务等制造活动的各个环节，具有自感知、自学习、自决策、自执行、自适应等功能的新型生产方式，主要包括智能制造装备、工业互联网、工业软件等。

20世纪50年代诞生的数控技术，以及随后出现的机器人技术和计算机辅助设计（CAD）技术，开创了数字制造的先河，加速了制造技术与信息技术的融合。传感与控制技术的发展和普及为大量获取和有效应用制造数据和信息提供了方便快捷的技术手段；人工智能技术推动智能制造技术形成和发展；互联网、物联网及射频识别技术促进分布智能制造技术的发展，扩展了智能制造的研究领域；数学直接推动制造活动从经验到技术，再向科学的发展。以知识为核心的智能制造正成为制造技术的重要发展方向。

发达国家在重振制造业的工作中，特别重视智能制造。美国通过"先进制造业伙伴计划"和"美国先进制造业领导力战略"，围绕工业互联网与新一代机器人等，布局智能制造战略。德国通过"实施工业4.0战略建议书"和"德国2020高技术战略"，推进智能生产，建设智能工厂。此外，日本的超智能社会5.0战略，英国的工业2050战略、法国的新工业法国计划等，都将发展智能制造作为本国构建制造业竞争优势的关键举措。

人机共融的智能制造模式将是智能制造技术发展的基本特征。云计算、大数据技术将引领制造信息处理新模式，泛在信息感知将为智能制造提供新的信息支撑，平行管理与可视化制造技术将为制造提供新的数字化手段，制造服务为制造业升级转型提供新途径。

一、智能制造装备

智能制造装备是具有感知、决策、执行功能的各类制造装备的统称，主要包括数控机床、工业机器人、智能仪器仪表、自动控制系统等。作为高端装备制造业的重点发展方向和信息化与工业化深度融合的重要体现，大力培育和发展智能制造装备产业对于加快制造业转型升级，提升生产效率、技术水平和产品质量，降低能源资源消耗，实现制造过程的智能化和绿色化发展具有重要意义。

我国智能制造装备和先进工艺在重点行业不断普及，离散型行业制造装备的数字化、网络化、智能化步伐加快，流程型行业过程控制和制造执行系统全面普及，关键工艺流程数控化率大大提高。未来将重点研发高档数控机床与工业机器人、增材制造（俗称3D打印）装备、智能传感与控制装备、智能检测与装配装备、智能物流与仓储装备五类关键技术装备，突破高性能光纤传感器、微机电系统传感器、视觉传感器、分散式控制系统、可编程逻辑控制器等核心产品，在机床、机器人、石油化工、轨道交通等领域实现集成应用。

二、智能机器人

智能机器人是一种可编程和多功能的，在感知-思维-效应方面全面模拟人的机器系统。智能机器人是制造业皇冠顶端的明珠，其研发、制造、应用是衡量一个国家科技创新和高端制造业水平的重要标志。智能机器人可分为工业机器人和服务机器人，工业机器人包括移动机器人、弧焊机器人、人机协作机器人、双臂机器人等，服务机器人包括消防救援机器人、手术机器人、智能型公共服务机器人、智能护理机器人等。

智能机器人既是先进制造业的关键支撑装备，也是改善人类生活方式的重要切入点。近年来，机器人技术正从传统的工业制造领域向医疗服务、教育娱乐、勘探勘测、生物工程、救灾救援等领域迅速扩展，适应不同领域需求的机器人系统被深入研究和开发。世界主要国家和地区都将发展机器人产业作为保持和重获制造业竞争优势的重要战略手段。美国通过《国家机器人计划》和《国家机器人计划2.0》促进机器人前沿技术和协作机器人的开发，欧盟通过《欧洲机器人技术公私合作伙伴计划》（SPARC）促进机器人在工厂、空中、陆地、水下、农业、健康、救援服务等方面的应用，日本"机器人新战略"提出要实现"世界机器人创新基地""世界第一的机器人应用国家""迈向世界领先的机器人新时代"三大目标，我国《机器人产业发展规划（2016—2020年）》重点推进工业机器人向中高端迈进和促进服务机器人向更广领域发展。

智能工厂

"智能工厂"被称为德国"工业4.0"实现智能制造的关键，重点研究智能化生产系统及过程，以及网络化分布式生产设施的实现。在2016年德国汉诺威工业博览会上，汉诺威大学推出一条智能化的圆珠笔生产线，让参观者亲身体验个性化定制生产。这条生产线安装在一个100多平方米的展厅里，分六个环节。第一个环节是个性化定制，可个人定制五个内容：笔头、笔身、笔帽、笔芯和签名，定制结束后电脑会打印一个二维码，其中包含所有定制信息。第二个环节是生成订单，由二维码读取器扫描二维码，定制信息即输入整个生产线。第三个环节是生产笔身，扫描二维码后，一台精密车床即根据定制信息对一个不锈钢笔身毛坯进行加工。第四个环节是组装，笔头、笔帽和笔芯等零配件将按照一定的顺序组装成一支完整的圆珠笔。第五个环节是激光刻字，将圆珠笔放入激光雕刻机内，自选的文字甚至图案即被镌刻在不锈钢笔身上。第六个环节是检测验收,机械手会自动抓取圆珠笔放入质量检测仪中,确认产品质量是否合格和符合定制信息。虽然这条生产线很简单,但体现了"工业4.0"的一些重要理念——个性化定制和智能生产。

第六节 增材制造

增材制造技术(又称3D打印技术)是基于分层制造原理发展而来的先进制造技术,是信息技术、新材料技术与制造技术多学科融合发展的产物。增材制造变革了工业设计和生产模式,带来高效率、个性化、低消耗、小批量、复杂结构等制造新理念,是当今世界各制造强国竞相发展的热点方向之一。

在增材制造的各种工艺中,原材料对制品的成型和使用性能起到决定性的影响,也是目前需要进一步突破的技术瓶颈。增材制造原材料根据材料的化学组成,可分为高分子材料、金属材料和陶瓷材料。增材制造在航空航天、医疗、汽车、工业等领域发展前景广阔,被誉为第三次工业革命的重要引擎之一。

增材制造技术及相关材料的发展目前仍主要集中在欧美地区,日本、韩国、新加坡和澳大利亚等国家也在积极布局,但其研发、生产还未形成一定规模。美国是现代增材制造技术的发源地,在增材制造技术及其材料的原始创新、市场竞争力和工业应用上处于领先地位。德国、英国、荷兰等国相继制定增材制造路线图及相关标准,并加大了研发的支持力度。我国在《"十三五"国家战略性新兴产业发展规划》明确了增材制造的战略方向,重视增材制造产业的发展。

知识链接

3D打印人体器官

器官移植造福了无数疑难杂症患者,已被越来越多的人所接受,但其发展面临伦理学问题和器官资源极度短缺问题的挑战。3D 生物打印有望使器官移植在不远的将来取得突飞猛进的发展。2019 年,美国莱斯大学和华盛顿大学的研究团队通过三维光刻技术,使用生物相容的水凝胶,3D 打印了一个包含血管和气道的肺脏模型,在其中实现了血液的氧合;还构建了一小块肝脏,移植到小鼠体内后成功存活。生产功能性组织替代品的最大障碍之一是无法打印出复杂的血管系统,为了解决这一难题,该团队发明了一种新的开源生物打印技术,名为"组织工程立体光刻仪",研究人员使用一种液体的水凝胶溶液按蓝图进行打印,一次生产一层软水凝胶,并通过特殊的蓝光将其逐层固化。通过这种方式,该系统可以在几分钟内生产出具有复杂内部结构的柔软生物相容性凝胶。在之后的测试中,研究人员发现,打印出的组织足够坚固,可以避免在血液流动和脉动"呼吸"过程中破裂,当红细胞流经"呼吸"气囊周围的血管网络时,它们可以吸收氧气。此外,该研究将含有肝细胞的生物打印构建体植入小鼠体内,发现 3D 打印的肝细胞在植入患有慢性肝损伤的小鼠后依旧存活。

思考题

1. 目前材料科学研究的重点和前沿热点有哪些?
2. 目前制造领域的重点和前沿热点有哪些?
3. 讨论材料科学未来发展的趋势以及可能遇到的挑战。
4. 讨论未来制造业发展的趋势以及可能遇到的挑战。
5. 谈谈材料和制造科学对未来生活的影响。

第三讲
生命健康科技

生命健康科技涉及疾病防治、寿命延长、优生优育、人民福祉等方面，致力于保障人类健康。20世纪生命科学的突破推动了生命健康科技领域的整体性进展，表现在：20世纪中叶诞生的分子生物学推动了传统医学转变为生物医学；抗生素及疫苗的研发使人类在全球范围内基本控制了传染病；随着21世纪初人类基因组计划的完成，生命科学进入了后基因组时代，生命科学研究已经处于革命性变化的前沿。

随着研究领域的不断扩展、人类对生命健康领域认识的深入以及人类疾病谱的改变，当代生命健康领域研究的主要特征是以预防和控制重大慢性非传染性疾病为核心，将抗击疾病的关口前移，推动医学模式由疾病治疗为主向预防、预测、干预为主转变，由单一的生物医学模式向生物-环境-心理-社会的会聚医学模式转变，即从关注人类基本的健康需求，到构建营养健康、食品安全、生物安全等早期监测和预警系统，从传统医学和药学到合成生物学、系统生物学、干细胞和再生医学、基因组学等基础学科与临床医学、药学等应用学科相结合，以提高疾病的预防、诊断、治疗和康复服务。

第一节 精准医学

精准医学是指以组学数据为依据,根据患者个体在基因型、表型、环境和生活方式等各方面的特异性,制定个体化精准预防、精准诊断和精准治疗方案。生命科学与现代医学知识和技术的快速发展催生了精准医学体系的形成。精准医学研究的开展需要大规模人群队列和特定疾病专病队列研究、基因组测序等各种组学技术、生物大数据分析及其整合技术、分子影像等相关技术研发,在应用方面需要临床医学研究、检测与诊断技术研发、个体化治疗技术开发等。精准医学研究高效整合这些学科和技术,并促进其快速发展,形成整体解决方案,最终大幅度提高疾病的预防和诊治效果。

精准医学的首次提出源自2011年美国国家研究理事会的报告《迈向精准医学:构建生物医学研究知识网络和新的疾病分类体系》,此后该理念受到重视,相关技术不断发展成熟,精准医学体系逐渐形成。精准医学已成为新一轮国家科技竞争和引领国际发展潮流的战略制高点。美国通过"精准医学计划"为临床治疗提供新工具、新见解和最适疗法,英国打造国家精准医学孵化器中心网络以加快精准医学的创新,日本将精准医学列为国家科技重点关注领域,我国《"十三五"国家科技创新专项规划》指出要促进精准医学的创新和产业化。

精准医学研究将推动预防为主的健康医学发展,大大提高国民健康水平,优化医疗资源配置。精准医学面对生命过程复杂性的巨大挑战,整合多组学数据,利用系统生物学策略建立以个体为中心的多层级人类疾病知识整合数据库,并在此基础上形成可用于疾病精确分类的生物医学知识网络,进而发展出未来能够为每个个体提供最好医疗护理的精准医学。精准医学的发展将带动生物医药产业的发展，研究形成的生物标志物、临床诊疗方案、靶向药物等将孕育巨大市场空间。

第二节　干细胞与再生医学

干细胞是一种具有自我更新能力，并能够被诱导分化为各种功能细胞的未分化细胞。它具有再生各种组织器官的潜能，医学界称之为"万用细胞"。干细胞根据其分化潜能的大小可以分为两类：胚胎干细胞和成体干细胞。前者可以发育成完整的动物个体，后者则是一种或多种组织器官的"祖细胞"，例如造血干细胞、神经干细胞、肌肉干细胞等。

基于干细胞的修复与再生能力的再生医学，有望成为继药物治疗、手术治疗后的第三种疾病治疗途径。再生医学是医学领域新兴的一门综合性强的交叉学科，是通过机体内组织与器官中自身所具有修复功能的干细胞，或者植入具有多分化潜能的干细胞、功能组织与器官，来修复、替代和增强人体内受损、病变与有缺陷的组织与器官，达到治疗的目的。骨髓移植以及骨髓造血干细胞的发现，为再生医学的发展奠定了基础。干细胞、组织与器官移植技术的日益成熟，进一步推动了再生医学的发展。

干细胞与再生医学涉及的关键技术包括：体细胞重编程技术、动物体细胞克隆技术、胚胎干细胞技术、成体干细胞技术、组织工程技术体系、器官发育技术。这些技术可用于个体疾病的治疗，能够解决供体少、临床应用可适应病症少、个体排斥反应大等传统手术治疗中存在的问题。

干细胞作为再生医学的重要手段与研究核心，涵盖了基础与临床医学多个领域。基础研究方面，干细胞将成为生命科学研究的重要科研模型。临床运用方面，干细胞可以应用到几乎涉及人体所有的重要组织器官及人类面临的许多医学难题，如意外损伤植皮、肌肉和软骨缺损的修补、关节的置换、血管的替代、糖尿病患者的胰岛细胞植入、切除组织或器官的替代、部分遗传缺陷疾病的治疗等。

第三节　基因编辑

生命科学的迅速发展使得我们从生物遗传信息的"读取"阶段进入到后基因组时代，基因组的"改写"乃至"全新设计"正逐渐成为现实。基因编辑是指对目标基因的特定 DNA（脱氧核糖核酸）片段的删除、加入等，以获得新的功能或表型，甚至创造新的物种。虽然基因编辑技术出现的时间不长，但由于其简便、高效及低成本，显著促进了生物学研究的迅猛发展，在基础研究、基因治疗及遗传改良等方面展现出巨大潜力。

基因组编辑技术相关研究始于 20 世纪 80 年代末，至今已经历了三代。第一代基因编辑技术是指 20 世纪 90 年代出现的锌指核酸酶（ZFN）编辑技术，第二代是 2009 年出现的转录激活因子样效应物核酸酶（TALEN）基因编辑技术，第三代是指 2012 年以来出现的 CRISPR/Cas 基因编辑技术。CRISPR 是成簇的规律间隔的短回文重复序列（Clustered Regularly Interspaced Short Palindromic Repeats）的缩写，Cas 是 CRISPR 序列结合蛋白。与 ZFN 和 TALEN 相比，CRISPR/Cas 更为简单、价格低廉、易于编程且非常高效，因此掀起了全球范围的研究热潮。

CRISPR 序列是于 1987 年在大肠杆菌的基因组中发现的一个特殊的重复间隔序列，2005 年这些 CRISPR 序列被发现可能参与了微生物的免疫防御，2011 年 CRISPR/Cas 系统的分子机制被揭示，2013 年发现的 CRISPR/Cas9 系统可高效编辑基因组，被美国麻省理工学院的研究人员成功用于人类和小鼠细胞的基因编辑。美国和中国在基因编辑技术研发上处于世界领先地位。2014 年全球首只靶向基因编辑猴子在中国出生，2015 年中山大学科学家首次修改人类胚胎基因，2016 年华西医院开展人体首例基因编辑的临床试验，2017 年美国开展首例基因编辑人类胚胎的研究。

然而，使用基因编辑技术不只存在安全性和有效性问题，还涉及伦理、法律和社会问题，这些问题在推动技术的快速发展的同时都要加以考虑。

2018年11月，南方科技大学某副教授宣布一对名为露露和娜娜的基因编辑婴儿在中国健康诞生，由于这对双胞胎的一个基因经过修改，她们出生后能天然抵抗艾滋病病毒。这一事件引发了全球科学家的反对和强烈谴责。

第四节 脑科学

脑科学是以大脑为研究对象的多学科汇聚的新兴研究领域，是研究人和动物的认知与智能的本质与规律的科学。脑科学研究的核心问题是人类认知、智能和创造性的本质以及意识的起源，包括从较为初级的感觉、知觉，到较为高级的学习、记忆、注意、语言、抉择、情绪、思维与意识等各个认知层面的脑高级认知功能。理解大脑的结构与功能是21世纪最具挑战性的前沿科学问题。理解认知、思维、意识和语言的神经基础，是人类认识自然与自身的终极挑战。脑科学对各种脑功能神经基础的解析，对有效诊断和治疗脑疾病有重要的临床意义。脑科学所启发的类脑研究可推动新一代人工智能技术和新型信息产业的发展。

近年来，脑科学在基础研究和应用方面酝酿着历史性的重大突破，发达国家和地区纷纷推出大型脑研究计划。欧盟"人脑计划"聚焦以超级计算机技术来模拟脑功能，为人工智能的开发建立新研究平台，进一步带动仿生的发展。美国"通过推动创新型神经技术开展大脑研究（BRAIN）计划"重视脑科学研究新工具和新技术的开发，从而带动基于基础性研究的新学科和新产业的发展。日本"Brain/MINDS 计划"侧重研究脑功能和脑疾病的机理。我国《"十三五"国家科技创新规划》指出要以脑认知原理为主体，以类脑计算与脑机智能、脑重大疾病诊治为两翼，搭建关键技术平台，抢占脑科学前沿研究制高点。

经历了60年的电生理记录、40年的分子生物学介入、20年的磁共振成像（MRI），脑研究正在实现研究策略的革命性转变。大数据时代的脑科学必将是将基因组、蛋白质组、神经联结组、脑网络组等进行有效的集成和大规模会聚的大科学前沿。对脑功能的破译需要在多个层次上解析脑网络系统的联结方式与规则，最终得到脑网络实现其功能的"线路设计图"，这是脑科学的战略制高点。一旦我们拿到了脑功能的线路设计图，我们就能深度了解脑是怎样工作的，退行性认知是怎样发生的。同样，根据这些蓝图，我们才有机会突破冯·诺依曼计算机体系原理，才有可能构建出新型脑机智能技术体系，研发出低耗、高速、具备自适应能力的类脑神经元和神经网络芯片、新一代计算机及通信网络、类脑智能机器人机。

第五节 重大慢性病防治

慢性病专门指非传染性、通常要长期积累才出现病症、难以治愈的一类疾病。慢性病已然成为全球范围内最为主要的死亡原因，对人类健康和发展造成了极大的负面影响。根据《柳叶刀》杂志公布的"2016 全球疾病负担研究"显示，2016 年，全球总死亡人数达 5 470 万人，其中因慢性病导致的死亡人数占 72.3%。相比 2006 年，2016 年慢性病死亡人数增加了 16.1%。全球 70 岁以下人口中，因慢性病死亡者约占死亡人口总数的 44%，其中高收入国家占比 26%，中低收入国家占比高达 48%。2009 年，达沃斯世界经济论坛《2009 年全球风险报告》显示，在影响全球经济的众多因素中，仅因慢性病造成的经济负担就高达 1 万亿美元，甚至远高于全球金融危机所带来的危害。重大慢性病主要指当前对人类健康构成主要威胁的癌症、心脑血管疾病、代谢性疾病和神经退行性疾病等各种慢性病。重大慢性病有两个特点：一是多为终身性疾病，很难根治；二是并发症危害大，疾病后期的致死致残率高。因此，慢性病严重影响劳动力人口的健康，其造成的经济损失也更是惊人。膳食习惯变化、身体活动减少等行为模式的转变，以及人口老龄化的加速，都有可能进一步增加如癌症、心脑血管疾病、代谢性疾病和神经性疾病等各种重大慢性疾病的发生、发展程度和危害性。开展重大慢性病防治研究刻不容缓。

 知识链接

神经退行性疾病

神经退行性疾病是一类以大脑和脊髓组织内特定神经元发生退行性病变或丢失而导致神经系统功能损伤为主要特征的慢性高发疾病,主要包括阿尔茨海默病(俗称老年痴呆症)、帕金森病、亨廷顿病等。神经退行性疾病严重威胁民众健康,对其进行研究具有重大社会需求。随着人口老龄化的加剧,神经退行性疾病的发病率正逐年升高。阿尔茨海默病作为仅次于心血管疾病、癌症和脑卒中的第四大死因,严重威胁老年人身体健康和生活质量,预计到2030年全球患者将达6 000万人,我国患者将达1 200万人。经济合作与发展组织(OECD)于2013年发布了《解决全球性阿尔茨海默病重大挑战》,2014年又发布《释放大数据能量用于阿尔茨海默病和痴呆症研究》,倡导加快全球开放式合作来加速阿尔茨海默病研究创新。美国、加拿大、欧盟等国家和地区相继启动了神经退行性疾病领域的战略计划,并资助了大量的研究项目。

未来在慢性病防治方面,主要的趋势是将抗击疾病的关口前移,坚持干预为主,促进健康和防治疾病结合,推动医学模式由过去的治疗疾病为主向管理健康、干预疾病发生为主转变。目前,人们正在利用新一代的核酸测序技术,结合转录组学、蛋白质组学和代谢组学的研究方法,系统研究和探讨疾病发生、发展的分子机理,并在此基础上去发现用于早期诊断的分子标记物和防治新靶标,为建立和完善重大慢性病的评估体系及相应的诊断标准提供更理想的科学依据。

我国于2017年发布了《中国防治慢性病中长期规划(2017—2025年)》(以下简称《规划》),旨在为加强慢性病防治工作,降低疾病负担,提高居民健康期望寿命,努力全方位、全周期保障人民健康。《规划》指出,慢性病是严重威胁我国居民健康的一类疾病,已成为影响国家经济社会发展的重大公共卫生问题,要增强科技支撑,促进监测评价和研发创新,具体包括:完善监测评估体系,实施健康保障重大工程、国家科技重大专项"重大新药创

制"专项、国家重点研发计划"精准医学研究"和"重大慢性非传染性疾病防控研究"等慢性病科技重大项目和工程，通过健康科技成果转移转化行动和基层医疗卫生服务适宜技术推广活动等推动科技成果转化和适宜技术应用。

第六节　新发传染病防治

新发传染病是指由新种或新型病原微生物引起的传染病，以及近年来导致区域性或者国际性公共卫生问题的传染病。其中，新发和烈性传染病是指刚出现的或呈现抗药性的传染病，其在人群中的发生在过去20年中不断增加，或者有迹象表明在将来其发病有增加的可能性，发病率和致死率比较高，一般没有有效的疫苗和药物。近年来，新发和烈性传染病，如严重急性呼吸综合征（SARS）、高致病性禽流感（H5N1、H7N9）、甲型流感（H1N1）、中东呼吸系统综合征（MERS）、埃博拉出血热（EBHF）和寨卡热等的出现，以及当下传播速度快、感染范围广、防控难度大的新型冠状病毒肺炎，它不仅对人类社会安全造成严重危害，同时也考验着世界各国公共卫生系统应对新发和烈性传染病的防控能力。

1940年以来，全球新发传染病不断出现，在20世纪80年代达到高峰。20世纪70年代中期以来，全球除少数年份未有报道外，大都以每年一种或以上的速度出现，如近年来出现的SARS、H5N1高致病性禽流感、血小板减少伴发热综合征（SFTS）、埃博拉出血热和寨卡热等。综合全球既往新发传染病来看，疾病高危地区多在拉丁美洲、非洲和澳大利亚。新发传染病的分布有地域差异，在北纬30°~60°和南纬30°~40°的区域内，新发传染病的发生比较集中，最"热门"地区为美国东北部、欧洲西部、澳大利亚东南部、东亚、印度次大陆、尼日尔河三角洲、非洲大湖地区以及拉美部分地区。

 知识链接

埃博拉病毒

埃博拉病毒（EBOV）是一种引发高致死率的超级传染病的病毒，其危害等级比众所周知的 SRAS、MERS、H1N1 以及 H7N9 还要高。由于始发于刚果（金）北部埃博拉河流域，并曾在该区域严重暴发，故其被命名为埃博拉病毒。埃博拉病毒引发的埃博拉出血热是当今世上最致命的病毒性出血热，感染者会出现发烧、体内出血、体外出血等症状，死亡率可以高达 90%。2014—2016 年，埃博拉病毒曾在非洲西部地区大规模暴发过一次。据世界卫生组织统计，当时那次大暴发一共造成 1.3 万多人死亡，成为埃博拉病毒有史以来的最大规模暴发。经过全世界医疗队伍的努力，终于让疫情得以消除。然而，2018 年 5 月，埃博拉病毒突然又在非洲中部的刚果（金）卷土重来。世界卫生组织发布的一份最新报告显示，自 2018 年 5 月埃博拉疫情在刚果（金）暴发以来，截至 2019 年 4 月，一共确诊了 1 290 个病例，其中 883 名患者死亡，这次的埃博拉疫情是有史以来的第二大规模暴发。

新发和烈性传染病病原体变异规律、致病机制、机体防御机理等多学科的系统研究不仅体现了一个国家传染病理论研究水平，而且是传染病预防与控制水平的提升基础。欧美等国家利用高等级生物安全实验室长期对高致病性病毒如 EBOV 等进行基础研究并取得了良好的进展，在应对 EBOV 疫情中体现了强大的生物安全防御能力。我国在 SARS、高致病性禽流感和 SFTS 等新发和烈性传染病肆虐之后开始了相关病毒的基础研究。目前，以预防为主和治疗为辅的传染病的防控策略是研究的主流方向。例如，发展重大传染病的高效、准确、快速的监测技术，完善传染病监测体系。同时，加强基础研究成果的转化研究，促进基础研究和临床研究紧密结合，以有效降低传染病的发病率和死亡率。

当前对新型冠状病毒肺炎的认识还十分有限，传染源、传播致病的机理

以及变异的风险还不确定，药物和疫苗都处于研发阶段。因此科技攻关是抗疫斗争中不可或缺的一环，需汇集全球科研力量，为快速推进新型冠状病毒肺炎诊断、治疗与防控提供科技保障和决策支撑。人类同疾病较量最有力的武器就是科学技术，人类战胜大灾大疫离不开科学发展和技术创新，科学技术在保护人类生命安全和身体健康方面发挥了至关重要的作用。要加强科技攻关的国际合作，鼓励开放的信息交流和数据共享，聚焦科学问题，着眼长远发展，加强全球科研合作。加强疫情防控国际合作也是发挥我国负责任大国作用、推动构建人类命运共同体的重要体现。

第七节 重大创新药物

重大创新药物通常是指具有新型作用机制的药物，可以提高对可能受益患者识别的药物或对现有疗法进行改善的药物。创新药物的研究与开发集中体现了生命科学和生物技术领域前沿的新成就与新突破，体现了多学科交叉的高新技术创新与集成，是科技和经济国际竞争的战略制高点之一，也是提高人类健康水平的重要支撑。重大新药创制是保障人口健康水平不断提升的重大战略需求。

创新药物研发技术主要体现在两个方面：一是随着生物医学和现代生物技术的迅速发展，疾病发生发展的机制被不断揭示和阐明，不仅促进药物作用新靶点的发现和确证，也改变着新药研发的思路和模式；二是理论生物学、计算机和信息科学等一些新兴学科越来越多地渗入新药的发现和前期研究过程，化学、物理等学科与药物研究的交叉、渗透与结合日益紧密，使新药研究的面貌发生了巨大的变化。此外，非传统手段为药物研发提供了新思路：一是合成生物学用于制备结构复杂的药用天然产物；二是以生物技术疫苗为主的生物治疗目前在全球迅速发展。疫苗是预防和治疗传染性疾病的主要武器，而且人们已经开始重视开发可用于治疗代谢性疾病、自身免疫性疾病、癌症等非传染性疾病的治疗性疫苗。

我国是医药大国。近年来我国的医药产业呈现指数增长态势，预计很快将超过日本，跃居世界第二位。然而我国目前医药研发还比较薄弱，仿制药达96%，上市新药多是派生药物（me-too药物），无原创药物。研发投入严重不足，新药市场主要被国际大公司产品垄断。依靠科技进步推动生物医药战略新兴产业的快速发展，将有望成为我国经济新的重要增长点。尽快开展个性化药物研究是提升我国药物研发原始创新能力、占据未来国际生物医药科技制高点的重要机遇。我国已布局了国家科技重大专项"重大新药创制"并取得了一些成果，如抗疟药物青蒿素微生物工业化合成及抗癌药物紫杉醇前体物紫杉二烯的合成途径等研究取得了重大进展。2017年8月30日，国务院常务会议确定促进健康服务业发展的措施，提出建立长效支持机制，进一步深化简政放权、放管结合、优化服务改革，注重利用社会力量补齐健康服务短板，支持发展重大创新药物等，以满足群众需求，提高全民健康水平。目前，我国在创新药物研发方面，除了继续重视和努力发展化学合成新药外，还致力于充分发掘和发挥中医药的特色和优势，应用生命科学和其他现代科学的新方法和新技术，研究重要的物质基础和治病机理，发展融合中西医药学的疾病预防模式。

派生药物

派生药物又称为me-too药物，是沿用创新药物的研发思路、作用机制和作用靶点，在化学结构上对上市的药物进行一定的结构修饰、改造，规避了专利侵权的具有自主知识产权的药物。例如，雷尼替丁、法莫替丁等胃药就是以原创胃药西咪替丁为先导物，通过稍稍改变其化学结构而开发出的派生药物，其有别于完全照抄他人化学结构的"仿制药"。此外，用于治疗胃溃疡的兰索拉唑也是以奥美拉唑为先导物的派生药物，其活性比奥美拉唑更强。

第八节　新一代疫苗

新一代疫苗是预防与控制传染病、应对生物恐怖事件、保障健康和维护社会稳定的最有效的措施之一。尽管人类过去在与传染病的斗争中取得了很大的胜利，但是，随着全球化进程的发展、生态和气候环境的变化、经济发展方式的改变，以及恐怖主义等新的社会不稳定因素的出现，传染病防治面临着新生成的、跨物种间传播的病毒及抗药性"超级细菌"的不断挑战。而且，由于传统疫苗制备复杂、副作用大、效果不稳定，以及传统疫苗研究手段单一，无法研制出防治丙型肝炎、艾滋病、肺结核等重大传染病的疫苗，更不能满足快速控制手足口病等新发、突发传染病的需求，因此，发展新一代疫苗势在必行。

新一代疫苗研究的主要科学问题是如何设计有效的新疫苗，克服机体的免疫系统所产生的负性调节作用，最大限度地诱导保护性免疫反应。面临新生病毒的不断挑战，对疫苗的研发有了更高的需求，重点需要进行可以预防新型病毒感染的预防性疫苗的研发，针对一些以烈性病原体为生物武器的恐怖事件，则应注重研究中和性保护抗体和疫苗。目前，以疫苗为主的生物治疗在全球迅速发展，包括 T 细胞激活与调节、树突状细胞疫苗、溶癌病毒治疗、T 细胞过继转移等。疫苗不仅是预防和治疗传染性疾病的主要武器，而且全球已经开始重视开发可用于治疗代谢性疾病、自身免疫性疾病、癌症等非传染性疾病的治疗性疫苗。目前，多种用于治疗黑色素瘤、非小细胞肺癌、急性髓细胞白血病、乳腺癌等肿瘤的治疗性疫苗和治疗性抗体正在研发中。新一代疫苗研发主要是从病原体的遗传物质核酸出发设计核酸疫苗，以及更为精细的多表位疫苗、多价疫苗等。

我国是为数不多的自主供应疫苗的国家之一，而且随着疫苗生产品种和规模不断扩大，我国已成为全球最大疫苗生产国。我国现有疫苗可基本满足常规防疫需求，但随着我国人群对生命健康、卫生防疫的要求越来越高，加之非典型性肺炎、甲型 H1N1 流感等重大和新发传染病不断出现，疫苗的研发、生产和供应体系等亟待加强，需要研发出新一代高端疫苗产品。在治疗性疫苗方面，最近我国专家研发出了新一代宫颈癌疫苗，可以一针预防99%的宫颈癌病毒。

典型案例

宫颈癌疫苗

宫颈癌疫苗，又称为 HPV 疫苗，是一种预防宫颈癌发生的疫苗。宫颈癌主要由感染人乳头瘤病毒（HPV）引起，是仅次于乳腺癌的常见恶性肿瘤。HPV 型别超过 200 种。目前，已上市的九价宫颈癌疫苗保护范围最广，可预防 7 种高危型和两种低危型 HPV 的感染，涵盖大约 90% 的宫颈癌。传统宫颈癌疫苗是一种 HPV 类病毒颗粒，只能预防一种类型的 HPV。若为提高预防效果、覆盖更多的病毒种类，就需要持续增加类病毒颗粒的种类数量。现有的第一代和第二代宫颈癌疫苗，均使用类似 HPV 天然病毒颗粒的类病毒颗粒作为疫苗抗原。新一代宫颈癌疫苗可以通过研制"嵌合类病毒颗粒"来实现一种 HPV 类病毒颗粒预防多种 HPV。

第九节　医疗仪器

医疗器械产业是关系人类生命健康的新兴产业，世界发达国家近十余年来，一直保持着很高的年增长率，被誉为朝阳产业。医疗仪器则是现代医疗器械产业中的主流产品，在医疗器械产业发展中起着主导和引领作用。现代医疗仪器产品聚集和融入了大量现代科学技术的最新成就，是医学与多种学科相结合的高新技术产物，是把现代计算机技术、精密机械技术、激光技术、放射技术、核技术、磁技术、检测传感技术、化学检测技术和生物医学技术、信息技术结合在一起构成的现代高科技产品，数字化和计算机化是其基本特征。由于技术含量高、利润高，已成为各科技大国、大型跨国公司相互竞争的制高点，其发展水平实际上也已成为一个国家综合经济技术实力与水平的重要标志。

目前全球的数字化医疗仪器市场主要被美、日、德等少数国家的少数几个跨国公司所垄断，包括美国的GE医疗公司、德国西门子公司、荷兰飞利浦公司以及日本的东芝、日立公司等，这些公司占据了全球数字医学影像仪器设备领域90%的市场。在医疗仪器研发方面，未来的主要研究就是生物成像研究。开展高空间和时间分辨率、高穿透性等方向的生物成像技术研究，发展新型的分子标记技术和非标记的成像技术，建立纳米量级、三维、多标记和活细胞高分辨率的成像技术，发展在个体水平上对生物体功能过程观测的超高磁场（7 T以上）的磁共振成像技术，发展功能核磁成像技术，重点进行分子水平的超分辨荧光成像及其与电子显微成像的结合，系统地提升科研仪器装备研发的创新能力。

我国医疗器械产业近些年发展很快，年增长率达到14%～15%，并且经过多年的努力，在医疗仪器设备中已经有了一些国产化的高、精、尖产品，如磁共振（MRI）、电子计算机断层扫描（CT）、数字B超、中低能直线加速器、旋转式伽马刀、数字减影成像系统、激光手术器、纤维光纤内窥镜等，符合国际技术标准的全中文直接数字化X线医学影像系统（DR）在我国也已研制成功并投入了临床应用，此外还有一批更新的数字化医疗设备和技术研发成功并获得了国家专利。但总体而言，我国医疗器械产业与发达国家相比，在质量、数量、水平方面差距都还较大，尤其是高档医疗器械市场基本被国外或跨国公司占领。因此，我国必须重视高端科学仪器的集成创新和原始创新，提升自主研制能力，改变目前我国高档医疗器械依赖进口的现状。

第十节　生命伦理

生命伦理学是根据道德价值和原则对生命科学和卫生保健领域内的人类

行为进行系统研究的学科，于 20 世纪 60 年代首先在美国产生，随后在欧洲发展，20 世纪 80 年代引入我国。生命伦理是科学与伦理相互交叉、相互渗透的重要领域。一方面，它要维护科学的利益，保护和促进科学的健康发展，而不能成为科学发展的障碍；另一方面，它又要维护人的权利和尊严，使科学更好地为人类造福，而不是危害人类。现代生命科学与现代医学的发展和基因技术的突破带来了一系列革命性成果，给人类带来前所未有的发展机会，但同时也带来了不可回避的社会风险，带来了新的生命伦理问题。

生命伦理原则

生命伦理学原则是生命科学研究的伦理框架，用于评价某一行动是否合理，同时规定了研究人员和被研究对象的权利。当前，生命伦理遵循四原则，即有利原则、无伤原则、尊重原则、公正原则。有利原则指行动者应该维护或增进他人的利益；无伤原则指行动者应该维护他人利益，保护此种利益不被减损；尊重原则指行动者应该尊崇他人、视他人为具有自身目的的利益主体；公正原则指根据一个人的义务或应得而给予公平、平等和恰当的对待。

生命伦理讨论的核心问题是保护研究参与者的人权问题。2005 年，联合国教科文组织通过的《世界生物伦理与人权宣言》已将"人的尊严和人权"摆在了伦理原则的首位。第二次世界大战后，生命科学的发展陆续提出了参与者知情同意（过程）、反对遗传歧视、隐私保护、保护环境及动物权利、动物福利等重大问题。近来，在"个人基因组"的讨论中，谁拥有基因组，应不应当公布基因组信息，是不是要对受试者进行匿名化，能不能对未来可能罹患疾病的风险进行预测，如何对待可能的遗传歧视，等等，这些问题已成为亟待回答的生命伦理新问题。在基因技术出现之后不久，国际社会即通过了包括《世界人类基因组与人权宣言》在内的一系列国际文件，明确将该技术纳入伦理与法律引导的范畴。依据这些文件，在人类基因操作方面，研究人员需要严格保障人的权利与人的尊严，需要注意其从事活动所固有的职责，在进行研究和利用其研究成果时做到严格、谨慎、诚实、正直。

我国生命伦理研究任重道远。2004年，我国生命伦理规范研究成果首次登上国际权威刊物，即我国国家人类基因组南方研究中心撰写的《人类胚胎干细胞研究的伦理准则（建议稿）》，被美国国际伦理学权威刊物《肯尼迪伦理学研究所杂志》收录和发表。这是一个重大的突破，有助于国际同行对中国科研人员的观点立场作进一步的了解，并澄清某些误会，提高我国生命科学研究的伦理形象。但是随着生命医学技术的迅猛发展，将产生一系列新的伦理问题，急需生命伦理的关注与研究，进而为生命科学的发展营造良好环境，使生物技术在整体的伦理架构内有序地规范发展。我国生命伦理研究必须自觉适应现代生命医学发展的理论进路与实践方向。生命伦理正面临严峻挑战，亟须用强大的哲学武器与哲学智慧来面对和反思。有专家提出，生命伦理关怀的对象不应只是人类，还应包括其他生命，才能保持人类与自然的平衡，反之则会伤害人类自身，要进一步实现医疗资源分配的均衡化，才能保护大多数人的生命权益，确保医疗公平公正。

对于生命伦理这一领域未来的发展，一方面是揭示生物医学伦理学兴起和发展的必然性、合理性，提出生物医学伦理学的根本宗旨、基本原则以及伦理规范。由著名生命伦理学家、法学家和生命科学工作者一道，共同开展生物医学伦理学的研究，如探讨全球健康和全球正义问题、医疗与保健政策的公正等方面的问题。另一方面是讨论人口健康领域面临的一些新问题的生命伦理原则，如人口老龄化带来的能否合法人工干预结束生命的问题，以及再生医学、基因组学和生殖技术带来的生命重塑与人工干预生殖过程等所涉及的生命伦理问题。

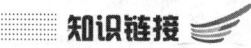

人类胚胎干细胞研究的伦理准则

为使我国胚胎干细胞研究的伦理规范与国际接轨，国家人类基因组南方研究中心课题组专门听取了上海、西安等地 8 家三级医院 250 名医生的意见，依据权威的国际文献，如联合国教科文组织、世界卫生组织、国际人类基因组组织等有关宣言、声明、准则，制定了切合中国国情的《人类胚胎干细胞研究的伦理准则（建议稿）》。这份准则在《中国医学伦理学》发表后，英国的《自然》杂志给予高度评价。《人类胚胎干细胞研究的伦理准则（建议稿）》中提出的基本观点是支持胚胎干细胞研究，鉴于其现实而尖锐的伦理问题，必须遵循严格的伦理规范。必须坚决反对生殖性克隆，即克隆人的个体。规定囊胚体外培养不能超过 14 天。囊胚不能植入人体子宫或其他动物子宫。"人-动物"细胞融合术可用于基础研究，但其产物严禁用于临床。研究材料的收集和利用要贯彻自愿、知情、非商业化的原则。研究课题从立项到成果必须接受伦理评估和监督。

在此基础上，科技部和卫生部于 2003 年 12 月发布《人类胚胎干细胞研究的伦理指导原则》。

思考题

1. 20 世纪 50 年代以来人类疾病谱有何显著变化？
2. 谈谈人口健康科技领域的发展态势。
3. 对中国而言，人口健康科技领域最亟须攻克的难题是什么？
4. 人口健康科技领域的发展对国家经济发展和社会稳定有怎样的影响？
5. 如何理解人口健康科技发展和生命伦理之间的关系？

第四讲
生态与环境科技

生态与环境科学是以人地耦合的陆地表层为核心研究对象，运用地球科学、化学、生物学、计算机科学、工程技术科学和社会科学等学科的知识和技术手段，研究在自然条件和人类活动影响下陆地表层生态环境的演变过程、相互关系及其观测和调控原理，揭示各类生态环境问题的发生发展规律及区域可持续发展规律的应用基础科学，为人类合理利用自然资源、加强生态建设和环境保护、实现可持续发展提供理论、方法和技术，强调集成与交叉研究。生态与环境科技主要研究内容包括生物多样性，气候变化，自然灾害预测、预警与风险管理，可持续发展，生态保护与修复，环保产业技术等。

地球上的自然资源和生态系统是人类经济的基础，是宝贵的自然资本。在过去的一百多年，工业化和技术的进步大大提高了人类的生活质量，但同时也对自然资源和生态环境造成了严重破坏，气候变化、环境污染、生态破坏等严重威胁地球生态系统。资源生态环境科学技术不断发展进步，新的技术与前沿重大问题突破有助于理解生命有机体与环境（包括自然要素与人文要素）之间相互影响的方式，有助于最小化环境影响和资源消耗，以最小的投入获得最大的经济产出，实现人类的可持续发展。

第一节 生物多样性

按照 1992 年联合国环境与发展大会通过的《生物多样性公约》对生物多样性的定义，生物多样性是指"所有来源的活的生物体中的变异性，这些来源包括陆地、海洋和其他水生生态系统及其所构成的生态综合体；这包括物种内、物种之间和生态系统的多样性"。生物多样性的定义包括三个层次，即遗传多样性、物种多样性和生态系统多样性。

生物多样性是人类赖以生存的条件，是人类社会经济能够持续发展的基础。但随着全球人口的急剧增加和生产力发展水平的提高，人类活动正越来越剧烈地改变着陆地生态系统的面貌、结构与功能，环境污染日益加剧，生境不断破碎，生物多样性正面临着前所未有的丧失风险。2019 年 5 月 6 日，生物多样性和生态系统服务政府间科学政策平台发布的《全球生物多样性和生态系统服务评估报告》显示，1970 年以来，21 个国家的外来入侵物种的数量增加了 70%，全球物种正在以比过去 1 000 万年的平均速度快数十倍到数百倍的速度灭绝，并且灭绝的速度还在加快。目前，全球濒临灭绝的物种多达 100 万种，其中包含至少 40% 的两栖动物，33% 的海洋哺乳动物。

近年来，生物多样性在各方面（遗传生理、基因水平和时空尺度）取得了令人激动的成就，其中生物多样性形成、物种多样性维持、生物多样性保护是生物多样性研究的热点问题，研究结论很多，同时争议也始终伴随在生物多样性的研究进程中。

一、生物多样性形成

生物多样性是生物在其漫长的进化过程中形成的，是生物与其生态环境相互作用的结果。过去 6 亿年的化石记录显示，寒武纪以来，物种多样性的增长趋势是波动而稳定的增长曲线。但是，这种增长趋势也受到了约翰·阿尔罗伊对海洋化石分析结果的质疑，该分析结果表明，2.5亿年前的大灭绝以后，物种的数量实际上并未发生显著变化，而现在生物多样性的形成是物种进化的结果。

生物多样性的形成自始至终就有着地域的"偏见"，为了探究生物多样性在地理分布上呈现从赤道到两极锐减趋势的原因，生物学家和生态学家进行着坚持不懈的努力。在海洋中，离海岸越近，生物多样性越丰富。生态学家对此提出了很多的理论和假说，主要有时间学说、空间异质性学说、捕食学说、气候稳定性学说、生产力学说、生态时间学说、初级生产稳定性学说、环境可预测学说、种群间相互竞争的非平衡学说、生物多样性的能量-稳定-面积理论等。

根据达尔文的进化理论，群落的生物多样性是由共生物种的生态位分化产生的。对达尔文进化理论造成冲击的中性学说认为，自然选择是一种非本质的进化，而生物多样性进化是在辐射状态时出现的。生态轨道理论认为，生态轨道在空间上的叠加性导致生态轨道区间场强的变化，从而影响相互作用的大小，在物种的生存空间内产生斑块和物种多样性现象。生态位扩充理论认为，生态位的扩充使生物单元占据和利用更广泛的环境资源，长期适应不同的环境可能诱导遗传基础的差异，并最终诱导产生新物种，形成丰富的物种多样性。

二、生物多样性维持

物种多样性的维持机制是生物多样性研究的一个核心和前沿领域，该问题的深入研究对于充分认识生物多样性的变化机理，以及保护与合理利用生物多样性资源均具有重要的理论意义。关于物种多样性的维持，几十年来生态学家进行了大量的研究，产生了各种假说和解释，但还没有形成统一的理论。

对于遗传多样性的形成和维持，种群遗传学家早在30多年前就发展出了较好的理论框架。对于物种多样性的维持，传统的生态位理论和近20年来发展的中性理论分别强调了某些过程。马克·维尔德等生态学家提出了一个基于过程的概念性理论框架。这一框架与种群遗传学理论框架形成了对应，认为群落的形成只包含选择、漂变、物种形成和扩散这四个过程。不同群落中这几个过程的相对重要性不同，而此前关于物种多样性维持的各个理论之间的差别就在于强调了不同的过程，比如生态位理论强调平衡选择过程，区域生态学理论强调了物种形成、扩散和选择过程，中性理论等与生态漂变有关的理论强调了漂变、物种形成和扩散过程。这个概念性理论框架的意义在于穷尽了影响物种多样性格局和维持的所有可能过程。目前人们对这四个过程研究的深度和关注程度存在很大差异：选择和漂变作为生态位理论和中性理论强调的对象，已经得到相对充分的研究，但是人们对于物种形成和扩散过程重要性的了解还很有限。这几个过程之间可能存在互作关系，但目前人们还了解甚少。这样一个统一性框架的出现为生物多样性科学提供了一个"共同语言"，科学家将有机会利用这个基础分析评价已有理论的异同，或者提出新的理论，并针对具体问题整合特定的理论，实现对不同尺度上物种多样性模式的解释和精确预测。当然，这个理论框架目前还是一个概念框架，今后完善发展出数学模型将是一个重要任务。

三、生物多样性保护

生物多样性保护理论研究旨在为生物多样性保护实践提供方法和技术上的指导，其中，岛屿生物地理学平衡理论、异质种群理论、最小存活种群和种群生存力分析理论、缓冲区和廊道理论是四种重要的生物多样性保护基础理论。麦克阿瑟和威尔逊提出的岛屿生物地理学平衡理论认为，物种存活数目与其生境所占据的面积或空间之间的关系可以用幂函数表示，在该理论的直接指导和影响下，人们提出了自然保护区设计和管理的一般性原则。然而，对该理论的有效性和真实性却一直不乏争议。1967年，科学家提出用异质种群理论来表示同一物种在若干离散生境斑块中种群的总和。这些小种群在空间上存在隔离，彼此间通过个体扩散相互联系。异质种群理论为现代生境破碎化条件下寻求物种管理的适宜方法、保证物种不至灭绝做出了一定的贡献。然而，异质种群模型做出的一些理想化的假设，如斑块面积和隔离程度不对种群动态产生影响，其真实性在现实中往往是难以保证的。不同物种的特性也决定了模型中的参数绝非简单的常数，因此，该理论与现实之间也存在着一定的差距。

人们为了探索物种灭绝的影响因素及其过程，提出了最小存活种群概念和种群生存力分析方法。该方法的主要目标是计算物种以某个概率存活一定时间的最小可存活种群的大小。该方法对于濒危物种的保护具有重要的启发性。然而，期望它在实践中发挥具体作用也是十分困难的。

在探索自然保护区的建设方法过程中，生物多样性保护学家提出了缓冲区、生物廊道以及保护区网状分布理论。这些理论为保护区的建立提供了一般性的原则和方法，取得了一些成效。然而，缓冲区和廊道理论也远不是成熟的理论，不仅无法对一些问题做出明确的回答，而且在某些时候还自相矛盾。

为了研究方便，岛屿生物地理学平衡理论、异质种群理论等对一些复杂的现象和过程的某些方面进行了简化或理想化假设，这些简化或假设不仅深化了人们对生物多样性保护中的一些基本问题的认识，还对生物多样性保护实践具有一定的启发性，原本无可厚非，然而不可否认，目前生物多样性保护的理论研究距离指导生物多样性保护实践尚存在较大差距，这些差距常常使生物多样性保护理论研究为生物多样性保护实践提供方法和技术指导的初衷无法实现。

科技进步尤其是生物学领域相关技术的飞速发展，为生物多样性保护提供了潜在的希望，然而，无论是生物多样性保护理论和方法的不完备性，还是生物多样性保护来自现实的经济人文驱动力，都构成了制约生物多样性保护成效的现实困难。人们必须认识到，生物多样性的快速流失，只是一个更为错综复杂、相互交织的社会经济网络的一部分，因此，要从根本上改变全球生物多样性保护的现状，必须变革生物多样性保护研究中过分囿于自然学科的狭隘现状，通过跨学科的密切合作研究，才能探寻应对生物多样性危机的有效途径。

第二节　大气污染防治

城市大气污染的主要来源是工业排放和机动车尾气排放，目前人们谈论的大气中的主要污染物是指二氧化硫、二氧化氮、臭氧和总悬浮颗粒物。

一、大气污染现状

大气中的二氧化硫主要来源于各类工业排放气体，在工厂比较集中的地区，二氧化硫的浓度往往较高。排放到大气中的二氧化硫在适当的气候条件下（如逆温、微风、日照等）极容易形成硫酸雾和酸雨，从而对人体健康（尤其是对呼吸系统和皮肤等）和农作物等造成很大的危害。20 世纪 50 年代初发生的"伦敦烟雾事件"的罪魁祸首就是排放到大气中的硫化物。在这次事件中，约有 4 000 余人在很短的时间内死于呼吸器官疾病和心脏病，死亡者多是婴儿及 45 岁以上的成年人。1948 年，美国多诺拉镇由于工厂排放到大气中的二氧化硫等有害气体大量积累致使 6 000 余人受害。上述事件均被列入世界八大公害事件。

大气中的氮氧化物主要来源于汽车尾气和煤的燃烧。在交通繁忙的市区，氮氧化物的浓度往往超标。值得注意的是，近些年来，由于机动车数量的增加，城市空气中的氮氧化物呈明显增长趋势。作为大气主要污染物并对人体健康有严重损害的主要是一氧化氮和二氧化氮，这两种氮氧化物在大气中的寿命都不长（一般不超过一周）。从危害人体健康的角度来看，氮氧化物污染的最大问题是二氧化氮，它是形成严重危害人体健康的光化烟雾的罪魁祸首。20 世纪 40 年代初发生的"洛杉矶光化学烟雾事件"，当时有白色变为青灰色的薄雾笼罩在整个城市上空，多数居民眼睛有灼热感、疼痛，咽喉有刺激感等，重者出现眩晕、呕吐和痉挛等症状。这次事件也曾使几千人受害，几百人丧生。

煤的不完全燃烧和汽车尾气是大气中一氧化碳的主要来源，在一般城市的中心区域，一氧化碳几乎全部都是汽车尾气排出的。大气中的一氧化碳能迅速进入人体的肺部而被血所吸收，并与血中的血红蛋白结合形成碳氧血红蛋白，由于后者会大大降低血液的载氧能力，从而导致血管疾病的发生。可见，决不能忽视大气中的一氧化碳污染，已有心脏疾病、贫血症等的患者以及孕妇等应尽量少在一氧化碳浓度较高的地区停留。

臭氧主要集中在大气的高层，尽管其含量很少，但它能吸收对人体有害的太阳紫外辐射从而被称为地球上生命乃至整个生态环境的保护伞。近些年来人们谈论较多的大气臭氧层变薄是指高层大气中臭氧量的减少。人体受到大气污染物中的臭氧危害的主要症状是眼睛痛、头痛、记忆力明显衰退、肺功能损害等。

大气环境的不断恶化，其后果之一是人们自身的健康受到严重威胁，造成某些疾病发病率和死亡率的不断上升。据联合国环境规划署统计，全世界每年约有120万人成为新的皮肤癌患者，呼吸系统和心血管疾病患者也呈增加趋势。我国十大城市癌症的死亡病人调查结果显示，肺癌的死亡人数居首位。诚然，这些不能全部归咎于空气污染，但有理由认为，这无疑与当前的大环境恶化密切相关。这就提醒人们，在尽情享受大自然恩惠和现代化成果的同时，也该冷静而认真地思考一下由于人类自身行为而恶化大气环境、损害自身健康的严峻现实。

二、大气污染防治对策

1. 全面规划，合理布局

大气污染综合防治必须从协调地区经济发展和保护环境之间的关系出发，对该地区各污染源所排放的各类污染物质的种类、数量、时空分布做全面的调查研究，并在此基础上，制订控制污染的最佳方案。工业生产区应设在城市主导风向的下风向。在工厂区与城市生活区之间，要有一定间隔距离，并植树造林、绿化环境、减轻污染危害。对已有污染重、资源浪费、治理无望的企业要采取关、停、并、转、迁等措施。

2. 改善能源结构，提高能源有效利用率

我国当前的能源结构以煤炭为主，煤炭占商品能源消费总量的73%，在煤炭燃烧过程中放出大量的二氧化硫、氮氧化物、一氧化碳以及悬浮颗粒等污染物。因此，如要从根本上解决大气污染问题，首先必须从改善能源结构入手，使用天然气及二次能源，如煤气、液化石油气、电等，还应重视太阳能、风能、地热等清洁能源的利用。我国以煤炭为主的能源结构在短时间内不会有根本性的改变。对此，当前应首先推广型煤及洗选煤的生产和使用，以降低烟尘和二氧化硫的排放量。我国能源的平均利用率仅为30%，提高能源利用率的潜力很大。我国有20余万台锅炉，年耗煤2亿多吨，因此，合理选择锅炉，对低效锅炉进行改造、更新，提高锅炉的热效率，能够有效地降低燃煤对大气的污染。

3. 区域集中供热

分散于千家万户的燃煤炉灶，市内密集的矮小烟囱是烟尘的主要污染源。发展区域性集中供暖供热，设立规模较大的热电厂和供热站，用以代替千家万户的炉灶，是消除烟尘的有效措施。这样还可以提高热能利用率，便于采用高效率的除尘器，采用高烟囱排放，减少燃料的运输量。

4. 植树造林，绿化环境

植树造林是大气污染防治的一种经济有效的措施。植物有吸收各种有毒有害气体和净化空气的功能，是空气的天然过滤器。茂密的丛林能够降低风速，使气流挟带的大颗粒灰尘下降。树叶表面粗糙不平，多绒毛，某些树种的树叶还分泌黏液，能吸附大量飘尘。蒙尘的树叶经雨水淋洗后，又能够恢复吸附、阻拦尘埃的作用，使空气得到净化。

植物的光合作用吸收二氧化碳，放出氧气，因而树林有调节空气成分的功能。一般1公顷的阔叶林，在生长季节，每天能够消耗约1吨的二氧化碳，释放出0.75吨的氧气。以成年人考虑，每天需吸入0.75千克的氧气，排出

0.9 千克的二氧化碳，这样，每人平均有 10 平方米的森林，就能够得到充足的氧气。

第三节　雾霾成因机理与防治

所谓雾霾是雾与霾的混合物。雾霾的产生说明空气污染较为严重，城市当中小于 2.5 微米的漂浮颗粒物较多，对人体伤害较大。尤其在中国近二三十年，大城市每年雾霾天数平均超过 100 天，个别城市甚至超过 200 天，雾霾天气的污染强度也越来越大，能见度可以恶劣到 1~2 千米。经过分析气溶胶与能见度数据关系后得出，人为排放的气溶胶颗粒物是导致近年中国中东部地区雾霾天气频发的主因。

一、雾霾的成因分析

1. 自然因素

风向对雾霾的产生有一定的影响。随着城乡建设水平的逐步提高，城市当中的高层住宅逐渐增多，使得风在吹向城市当中的时候受到阻挡，并经过地表摩擦力的影响导致风力减弱，致使空气当中存在的颗粒物不易扩散和消散。这些颗粒物在一定时间内进行累积，使得相应区域的空气当中固态颗粒物的含量逐渐增多，为雾霾的产生提供了物质基础。同时，还有逆温层的影响，空中某一高度上如果存在逆温层，就会对空气的对流运动产生阻挡作用，进而导致空气当中的固态颗粒物不能够及时随着空气的垂直运动而消散和稀释，反而会在一定地区沉积，悬浮在城市的半空当中，同样也给雾霾的产生提供了一定的条件。

2. 人为因素

城市工业水平的提高是雾霾产生的人为因素之一。工业是推动社会经济发展的重要组成部分。在工业生产产生的废气中含有大量的二氧化碳以及氮氧化物，它们是导致雾霾产生的重要物质。同时，汽车的普及程度越来越高，大量的汽车尾气排放到空气当中，使得大气中颗粒漂浮物的含量进一步增加，直接导致空气混浊，能见度降低，各类交通事故频发。此外，大量的秸秆燃烧也是造成雾霾天气的重要原因之一，我国北方本就四季分明，在冬季时为了取暖需求，人们普遍燃烧秸秆和煤炭，致使空气当中的固态颗粒物含量进一步增加。如果此时空气当中水汽含量较为丰富且在风速较小的情况下，便极易形成雾霾天气，影响人们的身体健康和生产生活。

二、雾霾的防治措施

1. 控制污染源

雾霾的防治首先要从目前人类可以控制的污染源（重点是车辆尾气、工业废气、燃煤烟气、扬尘等）入手，淘汰现有高污染企业及设备，严格产业准入条件，控制新增污染源，鼓励低污染项目及替代产品，禁止大量焚烧植物秸秆，大力发展清洁能源及产品，从源头上控制污染物的产生。其次要采用先进高效的污染治理设备，加强汽车尾气治理，对拟排放的污染物进行治理后达标排放。最后，要对排放后的大气污染物进行吸收稳定化治理，如采用吸附方式、冲洗方式对地面等处灰尘进行清理，防止遇风或车轮携带成为二次污染源。此外，可以通过采用灰尘抑制剂的化学手段等方式来清洁已被污染的空气。

2. 区域联合防控

雾霾天气的产生与中国当前所处的工业化和城市化进程有关，与城市管理能力和水平有关，也与每个人的生活方式有关。大气污染物主要来自工业废气、交通尾气、生活废气等多个行业，其产生的污染具有发生范围大、影响面积广的区域性特征。在中国的影响范围主要是华北平原、长江中下游平原等区域，一次影响多个省区。大气污染治理是一个多环节密切相关的系统性工程，只要一个环节出问题，大气污染物减排就会受影响。因此必须建立区域联防联控机制来应对雾霾天气。第一，应建立雾霾发生区域跨省区联动政策法规体系，制定更为严格的污染物排放标准及政策，采用产业结构调整、能源结构调整、城市公交系统优化等综合手段，实施跨省区、多部门（工业、能源、交通、环保等）联动机制，政府与民间合力，实现多项污染物协同减排目标，达到防治雾霾目的。第二，各级能源部门提高燃油、燃气、燃煤等各种能源产品质量，鼓励开发和采用清洁能源，限制高污染能源的供应及使用；发展改革委及工信部门对落后产品、设备实施更严格的淘汰制度，防止高能耗、高污染企业及设备排放大量污染物；交通部门对车辆进行严格管制，淘汰尾气排放不达标车辆，雾霾天气限制车辆出行，对低出行率私家车实行奖励制度；环保部门加大排污企事业单位监管，划定空气质量管理区域，并强制在规定期限内达标，对区域环境空气质量不能达标的地区，实行区域工业项目限批；企业加大环保投入力度，治理大气污染。

第四节 气候变化

20 世纪 70 年代以来，以全球气候变暖为主要特征的气候变化日益成为国际社会关注的焦点问题之一。气候变化在全球范围内已成为毋庸置疑的事实，并对地球自然生态系统、人类社会经济系统产生了规模空前的影响，天气模式改变导致粮食生产面临严峻挑战，海平面上升导致发生灾难性洪灾的风险增加。气候变化事实及其影响是人类社会当前面临的巨大挑战之一，如果不迅速采取应对行动，未来适应气候变化影响会变得愈加困难，相应成本也会更加高昂。

最早的温室气体是自然产生的，可以阻挡部分太阳光反射回太空，使得地球温度适合生物居住，对人类以及其他数以百万计物种的生存至关重要。然而，在经历了 150 多年的工业化、砍伐森林和大规模的农业生产之后，大气中温室气体浓度增长到了 300 万年来前所未有的水平，全球平均气温也随之增加。随着人口的增长、经济的发展和生活水平的提高，温室气体排放总量也随之增加。随着科学研究的不断深入，科学界已经对"人类活动产生的温室气体排放是造成全球气候变化的主要原因"达成一致共识。2017 年

9月,全球著名信息公司科睿唯安(Clarivate Analytics)发布了基本科学指标,通过对其发布的全球研究前沿的分布进行统计发现:2012—2017年,与气候有关的研究前沿有90个,占地球科学、环境生态学领域841个研究前沿的10%以上。

一、全球变暖停滞

所谓"全球变暖停滞"(Global Warming Hiatus)或"全球变暖中断"(Global Warming Pause)是指相对于1951—2012年全球平均表面温度的升温速率(每十年0.12℃),观测到的1998—2012年的升温速率(每十年0.05℃)明显减缓这一现象,以北半球冬季观测到的全球平均表面温度趋势下降最为显著。

近年来,全球变暖停滞现象在学术界受到了很大关注,围绕全球变暖停滞现象及其成因,国际上开展了大量研究工作。美国科学家托马斯·史密斯等最先于2005年指出,自1998年之后全球地表气温的增温趋势不明显。2009年,美国科学家大卫·伊斯特林等指出全球平均地表气温时间序列在1998—2008年没有明显的变化趋势。美国《科学》杂志地球和行星科学撰稿人理查德·克尔也在2009年得出了类似的结论。全球变暖停滞现象的出现,与之前普遍认为的全球平均温室气体浓度迅速增加、全球迅速增温这一气候变化"新常态"相悖,立即引起气候变化领域的高度重视和广泛研究讨论。全球顶级期刊之一的《自然》在2011—2014年发表了30多篇有关全球变暖停滞的文章,并于2014年将其列为年度十大科学研究前沿之一。尽管对全球变暖停滞存在争议,但它并不是指气候变暖停止。目前已有大量研究对引起全球变暖停滞现象的原因和机制进行分析,主要从气候系统的外部强迫与内部变率两个方面来解释全球变暖停滞产生机制。全球变暖停滞主要受太阳活动、火山爆发、气溶胶和平流层水汽等外部强迫影响,而在内部变率方面,太平洋、大西洋、印度洋和南大洋的自然变率以及相应的热量再分配过程放缓了全球增温速率。气候系统内部能量并没有在全球变暖停滞期间减少,其中一部分能量被转移并储存在了海洋中深层,从而对全球增温减缓产生影响。关于未来全球变暖停滞现象的持续时间存在不同的观点。未来有关"停滞"的演变及其对区域气候的影响仍将是气候变化研究的前沿热点问题。

二、黑碳气溶胶

黑碳气溶胶是化石燃料和生物质不完全燃烧产生的含碳物质的连续统一体,是大气气溶胶重要的组成成分之一。黑碳气溶胶的来源划分为自然源和人为源两种,自然源包括具有区域性和偶然性的火山喷发、森林火灾等,人为源涉及长期、持续的化石燃料燃烧、汽车尾气排放、生物焚烧等。黑碳气溶胶属于短寿命温室气体,在大气中一般只能存续几天,且空间分布极不均匀,其清除过程主要有三种途径,即干沉降、湿沉降、重力沉降,以雨水的冲刷清除为主。

黑碳作为一种独特的颗粒态物质,可以在地球系统不同圈层(大气、土壤、生物、海洋等)中进行迁移转化,并在全球生物地球化学循环中发挥关键作用。此外,黑碳排放是仅次于二氧化碳排放的全球变暖的第二大诱因,故而日益成为当前的研究热点问题。有关黑碳气溶胶的研究可追溯到20世纪50年代"伦敦烟雾事件"的发生,随后在城市地区更是集中开展了有关黑碳气溶胶浓度的实验观测研究。20世纪80年代,科学界逐渐意识到黑碳气溶胶在气溶胶辐射强迫中的特殊作用,并作为气溶胶气候效应的一个重要方面展开了深入研究。辐射强迫是对某个因子改变地球-大气系统射入和逸出能量平衡影响程度的一种度量,其中正强迫使地球表面增暖,负强迫则使地球表面变冷。气溶胶可以通过直接和间接两种效应作用到大气辐射强迫过程中,黑碳气溶胶在两种过程中都占有重要地位。它可以通过直接效应改变地-气系统辐射平衡,通过云微物理等过程影响云凝结核、云反照率、云量、地表下垫面等要素,从而间接对区域及全球气候变化产生影响。黑碳气溶胶的直接和间接气候效应是黑碳气溶胶研究的重要方向之一。在模式计算黑碳气溶胶直接辐射强迫研究方面,从20世纪90年代初期出现的利用一维简单辐射模式已发展到目前的三维全球模式,并已出现通过模式研究黑碳气溶胶在云中的间接辐射强迫效应。在观测研究方面,从气候变化研究的角度出发,自 20 世纪 80 年代,国际上就开展了大规模的观测实验,如平流层及对流层上部的黑碳气溶胶观测、极地和海洋上空大气的观测研究等。近年来,通过诸如对流层气溶胶辐射强迫观测试验、气溶胶特征试验-Ⅱ和印度洋试验等,研究人员对吸收性的黑碳气溶胶的辐射强迫进行了系统研究。与二氧化碳的温室效应在大气和地表都产生正的辐射强迫有所不同,黑碳气溶胶在大气顶产生正的辐射强迫,而在地表则产生负的辐射强迫。黑碳气溶胶主要通过以下三种方式对气候产生影响:一是直接吸收太阳辐射和红外辐射,扰动地球大气系统的能量收支,直接影响气候;二是与硫酸盐、有机碳等水溶性气溶胶混合作为云凝结核或直接作为冰核,改变云的微物理和辐射性质以及云的寿命,间接影响气候系统;三是处于云层中的黑碳气溶胶吸收太阳辐射,加热云层大气,从而直接导致云的蒸发与减少。

第五节　自然灾害预测、预警与风险管理

近年来,全球重大自然灾害频发,世界各国正在遭受前所未有的自然灾害威胁。全球紧急灾难数据库统计,2010—2017 年,全球自然灾害年均发生 363 次,经济损失年均高达 1 559 亿美元。"十二五"期间,我国因自然灾害年均 3.1 亿人次受灾,直接经济损失 3 844 亿元。由于人口增长和经济发展,全球面临自然灾害的人口已经比 1975 年增加了一倍。自然灾害研究已经成为当前科学研究关注的热点领域,加强自然灾害研究不仅是科学研究工作和实现社会经济持续发展的迫切需要,也是维护人民生命财产安全的迫切需要,因此,我国亟待构建防灾减灾卫星体系,加强自然灾害预警监测,提高自然灾害早期识别能力和风险评估,以利于在防灾减灾救灾中发挥更大作用。

> 知识链接

国际减灾日历年主题

1991年 减灾、发展、环境——为了一个目标

1992年 减轻自然灾害与持续发展

1993年 减轻自然灾害的损失,要特别注意学校和医院

1994年 确定受灾害威胁的地区和易受灾害损失的地区——为了更加安全的21世纪

1995年 妇女和儿童——预防的关键

1996年 城市化与灾害

1997年 水:太多、太少——都会造成自然灾害

1998年 防灾与媒体

1999年 减灾的效益——科学技术在灾害防御中保护了生命和财产安全

2000年 防灾、教育和青年——特别关注森林火灾

2001年 抵御灾害,减轻易损性

2002年 山区减灾与可持续发展

2003年 与灾害共存——面对灾害,更加关注可持续发展

2004年 减轻未来灾害,核心是如何"学习"

2005年 利用小额信贷和安全网络,提高抗灾能力

2006年 减灾始于学校

2007年 防灾、教育和青年

2008年 减少灾害风险,确保医院安全

2009年 让灾害远离医院

2010年 建设具有抗灾能力的城市:让我们做好准备

2011年 让儿童和青年成为减少灾害风险的合作伙伴

2012年 女性——抵御灾害的无形力量

2013年 面临灾害风险的残疾人士

2014 年　提升抗灾能力就是拯救生命——老年人与减灾

2015 年　掌握防灾减灾知识，保护生命安全

2016 年　用生命呼吁：增强减灾意识，减少人员伤亡

2017 年　建设安全家园：远离灾害，减少损失

2018 年　减少灾害损失，创造美好生活

1989 年 12 月，第 44 届联合国大会决定从 1990—1999 年开展"国际减轻自然灾害十年"活动，确认了"国际减轻自然灾害十年"的国际行动纲领，灾害管理理念从强调传统的灾害应对转变为高度重视综合减轻灾害风险。2008 年，国际科学理事会、联合国减灾战略与国际社会科学理事会，共同发起为期十年的综合研究计划——"灾害风险综合研究科学计划"，联合各国自然科学、社会经济、卫生和工程技术专家，从区域尺度和全球尺度开展减灾测绘能力建设和个案研究，并对灾害风险评估、数据管理和灾害风险下的决策机制进行研究，共同应对自然灾害和人类引发的环境灾害的挑战。2015 年 3 月，第三届联合国世界减灾大会通过《2015—2030 年仙台减轻灾害风险框架》，指导未来 15 年世界减灾行动，通过了四大优先行动事项包括：了解灾害危险；加强减少灾害的治理工作，以对灾害危险进行管理；投资于减灾，以增强复原力；加强备灾，以开展有效应对行动，加强恢复、复原和重建工作。

一、自然灾害预测、预警

自然灾害预测、预警是全世界都在努力研究与探索的课题。自然灾害是一种客观存在，它的变化也就是时间和空间的变化，人们如何最大限度掌握时空特性，发现客观规律，保障人的正常生存环境，尚需长时间的考察与论证。从对灾害现象的迷惘到能够认识与掌握自然灾害发生的时间与空间规律，以及随机性规律，成为人们了解与认识自然灾害的基础。人类需要不断向深度和广度探索自然发展与变化的规律性，预防自然灾害是人类所面临的极难而又急需得到解决的大问题。

目前我们还无法阻止自然灾害的发生，但却有能力把自然灾害的危害程度减到最小。预防为主是减轻自然灾害的最重要的措施及基本原则，预测、预警则是灾害防治的重要环节，如果能够在灾害发生前做出预测、预警，就可以极大地减少人员的伤亡。由于各种灾害的成因不同，人类对不同灾害的预测能力也是不同的，例如对暴雨目前的预测准确率为83%左右，而对地震预测的准确率则要低得多。在有较好的监测系统条件下，火山、泥石流、海啸等灾害的预测准确率比气象灾害要高，最难预测的是地震灾害。一方面由于对不同灾害的科学认识程度不一样，另一方面各种灾害的监测系统不一样。

目前大多数灾害的短期预测都是半经验、半理论的。从过去发生的大量灾害事件中，可以总结出一些经验性的认识，而且时间越长，灾害的案例越多，得到的经验对于预测未来灾害就越有用，这是预测灾害的经验性方法。同时，对于大多数灾害，都建立了计算机模型，将监测系统观测到的资料输入计算机，就可以算出灾害的发展和演变过程，这是预测灾害的理论性方法。由于实际的灾害案例是有限的，经验性的方法有其局限性；灾害的过程十分复杂，任何理论模型不得不对实际过程进行大大的简化，理论的方法也有其局限性。所以，目前多数的预测方法，都是将两者结合起来。灾害预测、预警面临着两个方面的困难，一个是技术性的，另一个是社会性的。技术性的问题主要是提高准确率和如何把灾害预测预警的信息及时传播给广大的社会公众。随着经验的积累，模型的改善，以及信息技术和通信技术的进步，这个问题正在不断地改善。社会性的问题实际上是灾害预测、预警发布的责任问题。任何预测预警信息的发布，必然会引起社会方方面面的行动。特别是任何灾害预测，漏报错报都是在所难免的，一旦出现，必然会造成经济损失，甚至引起社会的不安和动荡。

二、自然灾害风险管理

自然灾害风险是指不确定的自然灾害事件对人类可持续发展的不利影响。其中"不确定性"是灾害风险的最重要特征，包括三层含义：灾害发生与否的不确定性；灾害发生时间、地点的不确定性；灾害造成不利影响的不确定性。各种自然灾害风险在不断加剧，联合国减灾战略中明确提出必须建立与风险共存的社会体系，强调从提高社区抵抗风险的能力入手，促进区域可持续发展。综合自然灾害风险管理是指人们对可能遇到的各种自然灾害风险进行识别、估计和评价，并在此基础上综合利用法律、行政、经济、技术、教育与工程手段，通过整合的组织和社会协作，通过全过程的灾害管理，提升政府和社会灾害管理和防灾减灾的能力，以有效预防、回应、减轻各种自然灾害，从而保障公共利益以及人民的生命财产安全，实现社会的正常运转和可持续发展。综合自然灾害风险管理的基本内涵体现在：灾害管理的组织整合，建立综合灾害管理的领导机构、应急指挥专门机构和专家咨询机构；灾害管理的信息整合，加强灾害信息的收集、分析及处理能力，为建立综合灾害管理机制提供信息支持；灾害管理的资源整合，旨在提高资源的利用率，为实施综合灾害管理和增强应急处置能力提供物质保证。其核心是要优化综合灾害管理系统中的内在联系，并创造可协调的运作模式。

综合灾害风险管理是今后灾害管理的最佳模式，优化组合工程与非工程的综合灾害风险管理措施将成为今后防灾减灾和灾害管理的主要措施。目前，美国、日本和欧洲等国家和地区正在针对不同空间尺度区域，开展为不同灾害风险评估与风险管理提供合理科学和基础技术的研究工作。这些研究允许不同空间尺度区域采取相似的手段来评估它们的灾害风险，采取合理的公共政策和策略，减轻可见的社会系统易损性，将不可接受的灾害风险水平降低到可接受的水平。

经过多年的灾害管理实践，我国逐步构建了"政府统一领导、部门分工负责、灾害分级管理、属地管理为主"的减灾救灾领导体制。确立了党中央、国务院统一领导下，健全分类管理、分级负责、条块结合、属地为主的应急管理体制；构建了统一指挥、反应灵敏、协调有序、运转高效的应急管理机制；形成了政府主导、部门协调、军地结合、全社会共同参与的应急管理工作格局。自然灾害风险管理在制度建设、监测预警、工程防范、应急机制和保障措施等方面得到全面加强。

我国注重将自然灾害风险管理纳入法制化管理的轨道。我国颁布了《中华人民共和国突发事件应对法》《中华人民共和国防震减灾法》《中华人民共和国防洪法》等一批法律；制定了《地质灾害防治条例》《破坏性地震应急条例》等一批条例；完善了国家总体应急预案、国家专项应急预案和部门应急预案等一批预案体系；出台了《国家综合防灾减灾规划（2016—2020年）》等一批规划。我国推动国家、省、地市、区县、乡镇五级自然灾害应急救助预案体系建设，对自然灾害救助启动条件、组织指挥体系及职责任务、应急准备、预警预报与信息管理、应急响应、灾后救助与恢复重建等，作出了明确的规定。民政部制定了《救灾应急工作规程》《灾区民房恢复重建管理工作规程》和《春荒、冬令灾民生活救助工作规程》，明确并细化了各级部门在救灾工作中的主要职责和应对流程。

第六节　可持续发展

工业革命以来，科学技术飞速发展，全球经济总量不断提升，人类的生活水平快速提高，人口数量爆发式增长。但在繁荣的背后也隐藏着种种危机，由于过度开发利用自然资源，导致了诸如气候变化、水资源短缺、荒漠化等一系列的环境问题，严重威胁人类的生存与发展。人类逐渐认识到这一严峻的问题，自20世纪70年代开始，环境保护成为备受关注的热门话题，80年代以后，世界各国和地区围绕发展问题达成了一系列的共识，提出了可持续发展的设想，并采取措施探索国家、地区、全球的可持续发展模式。时至今日，可持续发展已经成为人类社会前行的必由之路。

一、可持续发展的概念

生存与发展是人类面临的永恒主题。工业革命以来，人类创造了比之前两千年总和还要多的巨额财富，但人类对资源无节制的开发利用也遭到了大自然的惩罚。自 20 世纪初期开始，工业化国家环境重污染的"公害事件"层出不穷。特别是轰动一时的"世界八大公害事件"——比利时马斯河谷污染事件、美国多诺拉污染事件、英国伦敦烟雾事件、美国洛杉矶光化学烟雾事件、日本水俣病事件、日本富山痛痛病事件、日本四日市哮喘事件、日本米糠油事件，向全球敲响了危害千百万公众生命与健康的生存危机警钟。实践一再告诫人们，人类的经济社会活动不可超越自然生态系统的承载阈值，超过了这个阈值就要遭受大自然的无情报复。在人类文明长河中，一些古老文明，如古埃及文明、古巴比伦文明、古地中海文明和印度恒河文明、美洲玛雅文明等，之所以衰落、消亡，其共同的根源，就是过度砍伐森林、过度垦荒、过度放牧和盲目灌溉等的结果，于是随着土地生产力的衰竭，它所支持的文明也就必然日渐衰落、消亡。我国黄河文明的兴盛与衰落，根本原因也在于自然生态系统的繁茂与破坏。"顺自然生态规律者兴、逆自然生态规律者亡"，这是人类社会发展的一条铁的定律，古今中外概莫能外。

人类社会逐渐认识到了自然环境的重要性。1962 年，蕾切尔·卡逊的环境学著作《寂静的春天》在美国出版，环境保护这一概念第一次走进了人们的视野。1968 年 4 月，来自 10 个国家的约 30 位科学家、政治家聚集在罗马猞猁学院，成立了著名的罗马俱乐部，在企业家佩切依博士的资助下，讨论现在和未来人类的困境这个问题，之后该俱乐部出版了第一份研究报告——《增长的极限》，分析了人类社会经济增长对自然环境产生的巨大影响，再次为人类肆意无度地开发自然资源敲响了警钟。如何实现社会经济发展与生态环境保护的双赢成为全人类面临的共同问题。可持续发展的理念在此背景下应运而生，1980 年，国际自然保护同盟的《世界自然资源保护大纲》首次提出：必须研究自然的、社会的、生态的、经济的以及利用自然资源过程中的基本关系，以确保全球的可持续发展。1987 年，世界环境与发展委员会出版了《我们共同的未来》报告，将可持续发展定义为：既能满足当代人的需要，又不对后代人满足其需要的能力构成危害的发展。它系统阐述了可持续发展的思想。1992 年 6 月，联合国在里约热内卢召开的环境与发展大会，通过了以可持续发展为核心的《里约环境与发展宣言》《21 世纪议程》等文件。随后，1993 年，中国政府编制了《中国 21 世纪议程——中国 21 世纪人口、环境与发展白皮书》，首次把可持续发展战略纳入我国经济和社会发展的长远规划。1997 年，党的十五大把可持续发展战略确定为我国现代化建设中必须实施的战略。2002 年，党的十六大把"可持续发展能力不断增强"作为全面建设小康社会的目标之一。随着生态文明建设的推进和美丽中国思想的确立，可持续发展将成为我国未来发展的不二选择。

二、联合国千年发展目标

在全球可持续发展进程中，联合国始终处于引领地位。进入 21 世纪以来，可持续发展已经从概念逐步走向实践，如何界定可持续发展、推进可持续发展成为世界各国面临的共同问题。2000 年 9 月，在联合国千年首脑会议上，世界各国领导人共同签署了千年发展目标，该目标以消除全球范围内的贫穷、饥饿、疾病、文盲，改善环境质量，促进性别平等为目标，确定了一系列有时限的目标和指标。

千年发展目标包括：消灭极端贫穷和饥饿、普及小学教育、促进男女平等并赋予妇女权利、降低儿童死亡率、改善产妇保健、与艾滋病和其他疾病作斗争、确保环境的可持续能力、全球合作促进发展八个主题。针对每个主题，以 2015 年为期限，制定了具体的实现目标。这些目标由联合国及各国际组织牵头，协调各国共同推进。

通过全球的努力，联合国千年发展目标各领域在 2015 年前均取得重要进展。全球极端贫困人口占比由 47% 下降到 13%；发展中国家小学入学率由 83% 提升到 91%；全球 5 岁以下儿童死亡率下降超过一半；全球孕妇死亡率下降 45%；新感染艾滋病毒人数下降了 40%；全球陆地及海洋自然保护区面积大幅增加，陆地保护区面积占比从 8.8% 提升到 23.4%，全球生态环境质量恶化得到抑制。在各目标的实现过程中国际合作起到了重要作用，2000—2015 年，发达国家向发展中国家的援助增长了 66%，达到了 1 352 亿美元。

上述目标的制定与实现充分体现了可持续发展的原则，即（1）公平性原则：确保全球各国家、区域在资源利用方面的公平，同时保障当代人和子孙后代代际间的公平。（2）可持续原则：在发展的过程中充分考虑自然资源与环境问题，促进绿色发展。（3）共同性原则：在全球可持续发展过程中求同存异，以人类总体利益为出发点，强调国家间、区域间的协同发展。

三、联合国可持续发展议程

千年发展目标是自联合国成立以来在全球最具影响力和凝聚力的全球议程。为了进一步推进全球可持续发展进程，2015年9月，在联合国成立70周年之际，联合国193个会员国通过了《改变我们的世界：2030年可持续发展议程》，提出了可持续发展目标（SDGs，Sustainable Development Goals），对于人类社会可持续发展做出了新的庄严承诺。可持续发展目标承前启后，在千年发展目标的基础上，制定了2015—2030年的人类社会发展目标，它共包括17大类目标，169个具体目标，230余个具体指标。

联合国可持续发展目标更加全面系统地勾勒了全球未来15年的可持续发展蓝图，是联合国历史上通过的规模最为宏大和最具雄心的发展议程。2030年可持续发展议程是对千年发展目标的超越，继承和发展了千年发展目标尚未完成的事业，除了保留如脱贫、健康、教育、粮食安全和营养等发展优先事项外，还提出了更为广泛的食品安全、能源安全、土地安全、生态环境安全、基础设施和居住保障、应对气候变化在内的经济、社会和环境目标。在全球可持续发展的进程中，经济、社会和环境三个方面是整体的、不可分割的，越是宏大的目标越需要从细节处一砖一瓦的搭建。联合国可持续发展目标的实现需要多方共同努力。

联合国可持续发展目标

联合国可持续发展目标具体包括：

目标1. 在全世界消除一切形式的贫困

目标 2. 消除饥饿，实现粮食安全，改善营养状况和促进可持续农业

目标 3. 确保健康的生活方式，促进各年龄段人群的福祉

目标 4. 确保包容和公平的优质教育，让全民终身享有学习机会

目标 5. 实现性别平等，保障所有妇女和女童的权利

目标 6. 为所有人提供水和卫生环境并对其进行可持续管理

目标 7. 确保人人获得负担得起的、可靠和可持续的现代能源

目标 8. 促进持久包容和可持续的经济增长，促进充分生产性就业

目标 9. 建造具备抵御灾害能力的基础设施，促进包容性可持续工业化，推动创新

目标 10. 减少国家内部和国家之间的不平等

目标 11. 建设包容、安全、有抵御灾害能力和可持续的城市和人类居住区

目标 12. 采用可持续的消费和生产模式

目标 13. 采取紧急行动应对气候变化及其影响

目标 14. 保护和可持续利用海洋和海洋资源以促进可持续发展

目标 15. 保护、恢复和促进可持续利用陆地生态系统，可持续管理森林，防治荒漠化，制止和扭转土地退化，遏制生物多样性的丧失

目标 16. 创建和平、包容的社会以促进可持续发展，让所有人都能诉诸司法，在各级建立有效、负责和包容的机构

目标 17. 加强执行手段，重振可持续发展全球伙伴关系

中国是世界上最大的发展中国家，2030 年可持续发展议程提出后不久，2016 年 3 月，我国通过了《国民经济和社会发展第十三个五年规划纲要》，将可持续发展议程与中国国家中长期发展规划进行了有机结合。2016 年 9 月，我国又及时地发布了《中国落实 2030 年可持续发展议程国别方案》，该方案回顾了我国落实千年发展目标的成就和经验，分析了推进落实可持续发展目标的机遇和挑战，并详细阐述了我国未来 15 年落实各具体目标的细节和方案，并不断加快方案的落实。2018 年 3 月，国务院正式批复同意深圳市、太

原市、桂林市建设国家可持续发展议程创新示范区,力图通过区域实践为全球可持续发展提供中国经验。

第七节 生态保护与修复

日益严重的森林退化、荒漠化、海洋生态恶化等,在造成巨大经济损失的同时,已经严重威胁到每一个人的生活环境。保护现有自然生态系统,综合整治和修复已退化生态系统,构建和维持可持续发展生态系统,已成为全球性迫切需要解决的重大问题。实施生态保护与修复是建设生态文明和美丽中国的重要途径,是解决生态危机及一系列生态难题的必由之路。

生态保护与修复主要包括五条措施:第一是生态红线的划定;第二是合理的区域发展格局(功能区划);第三是区域土地利用方向和布局的调整,形成农、林、草、漠、泽、水与城市、交通、工矿之间的合理布局;第四是保护优先,充分尊重自然规律,发挥自然恢复的潜力(包括封山育林、育沙育草、补水保湿);第五是自然恢复与人工修复相结合。本节主要讨论生态保护红线和不同的生态修复手段(包括物理与化学修复、生物修复)。我国在生态保护与修复领域取得了很大的成就,有的已达到国际先进水平。

生态保护与修复技术主要包括生态调查评估、监测预警、风险防范等管理技术体系,重点开展生物多样性科学规律与生物安全支撑技术、生态修复技术、生态系统监测评价等关键技术的研究,推动加大生态保护科技相关专项支持力度。加强国际科技合作与交流,积极引进国外先进生态保护理念、管理经验及技术手段,健全完善国内协调机制。

一、生态保护红线

生态保护红线是指在生态空间范围内具有特殊重要生态功能、必须强制性严格保护的区域,是保障和维护国家生态安全的底线和生命线,通常包括具有重要水源涵养、生物多样性维护、水土保持、防风固沙、海岸生态稳定等功能的生态功能重要区域，以及水土流失、土地沙化、石漠化、盐渍化等生态环境敏感脆弱区域。

生态保护红线产生的直接背景是可持续发展理论，以及处于可持续发展理论核心的承载力理论。划定生态保护红线在我国生态保护实践中由来已久，其雏形可以追溯到 2000 年浙江省安吉县生态规划中采用的"红线控制区"。但关于生态保护红线的研究，主要集中于生态学、环境科学等自然科学领域，更多涉及技术性标准等问题。对于生态保护红线概念的理解与界定，学者的观点始终存在差异，无法形成统一的认识。在国际上并没有相关规定明确提及"生态保护红线"的概念，更多的是通过具体划定自然保护地、动植物栖息地等特定保护区域的举措体现出"生态保护红线"的应有之义。与中国"生态保护红线"概念相类似的是生态网络，国外对生态网络的研究主要是侧重于生物保护、生态系统和生态基础设施等方面。

生态保护红线划定技术流程主要包括：第一，在国土空间范围内，按照资源环境承载能力和国土空间开发适宜性评价技术方法，开展生态功能重要性评估和生态环境敏感性评估，确定水源涵养、生物多样性维护、水土保持、防风固沙等生态功能极重要区及极敏感区，纳入生态保护红线。第二，根据科学评估结果，将评估得到的生态功能极重要区和生态环境极敏感区进行叠加合并，并与保护地进行校验，形成生态保护红线空间叠加图，确保划定范围涵盖国家级和省级禁止开发区域。第三，将确定的生态保护红线叠加图，通过边界处理、现状与规划衔接、跨区域协调、上下对接等步骤，确定生态保护红线边界。第四，在上述工作基础上，编制生态保护红线划定文本、图件、登记表及技术报告，建立台账数据库，形成生态保护红线划定方案。第五，根据划定方案确定的生态保护红线分布图，搜集红线附近原有平面控制点坐标成果、控制点网图，以高清正射影像图、地形图和地籍图等相关资料为辅助，调查生态保护红线各类基础信息，明确红线区块边界走向和实地拐点坐标，详细勘定红线边界。选定界桩位置，完成界桩埋设，测定界桩精确空间坐标，建立界桩数据库，形成生态保护红线勘测定界图。生态保护红线划定技术流程参见图 4-1。

中国各省的生态保护红线划定工作正在逐步推进。根据相关规划，2020年年底前，要全面完成全国生态保护红线划定。

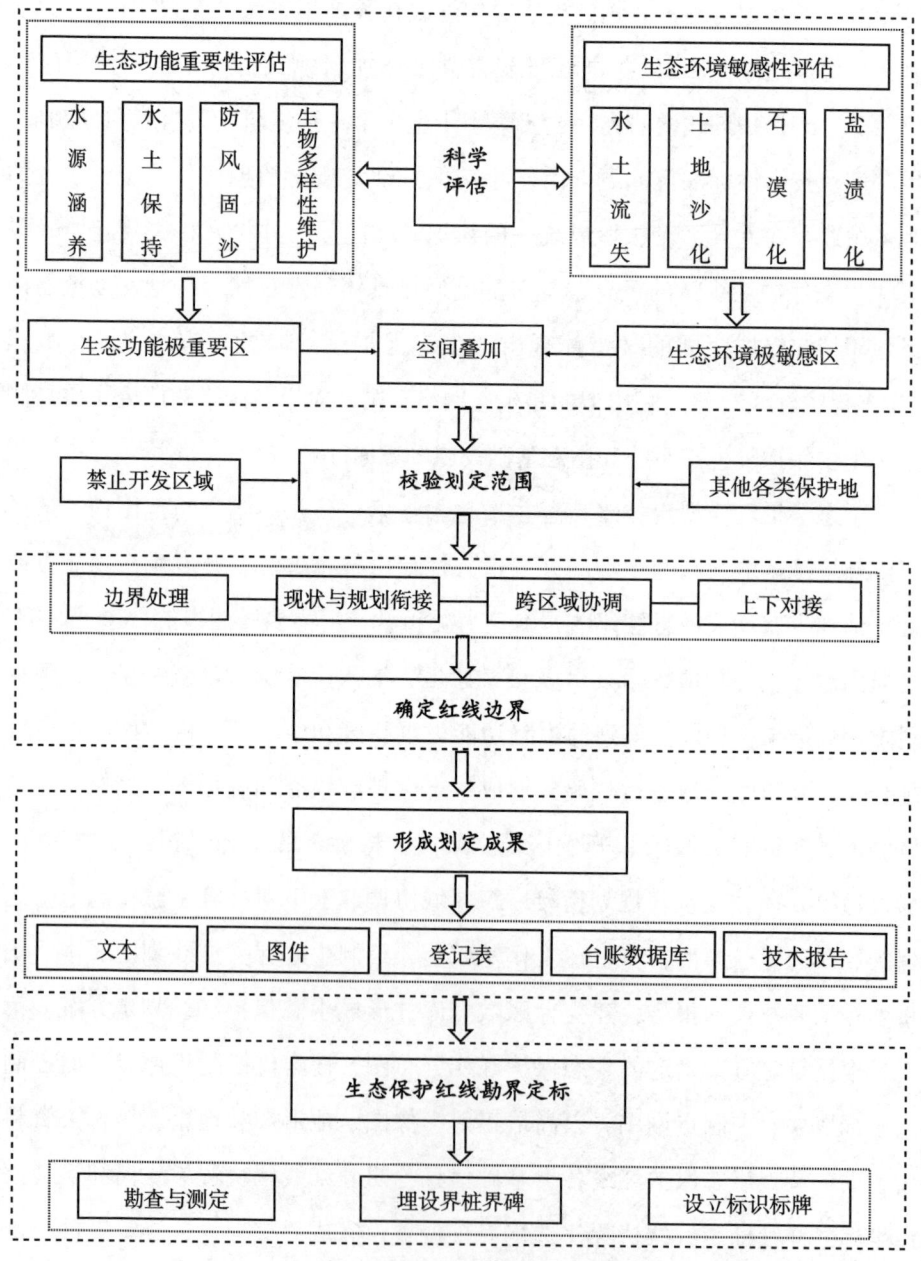

图 4-1　生态保护红线划定技术流程

二、生态修复

生态修复是在生态学原理指导下,以生物修复为基础,结合各种物理修复、化学修复以及工程技术措施,通过优化组合,使之达到最佳效果和最低耗费的一种综合的修复污染环境的方法。

从修复原理来看,物理修复与化学修复是指充分利用光、温、水、土、气、热等环境要素,根据污染物的理化性质,通过机械分离、蒸发、点解、磁化、冰冻、加热、凝固、氧化-还原、吸附-解吸、沉淀-溶解等物理和化学反应,使环境中的污染物被清除或转化为无害物质。通常为了节省环境治理的成本,物理修复或化学修复往往作为生物修复的前处理阶段,近年来更是作为生态修复的构成要素。无论是环境要素或生态因子,还是工程措施,物理修复与化学修复对于修复生物的生命活动来说,是非常重要的影响要素。若将它们有机结合起来,使环境条件和生态因子在有利于生物生活的同时,也有利于污染物的去除或转化,将极大提高生物修复或植物修复的效率,这一点对于生态修复来说至关重要。

生物修复是对污染环境实施修复、治理的最为重要的技术之一,是正在发展中的技术,是生态修复的基础。生物修复是利用生物(包括植物、微生物和原生动物)的代谢功能、吸收、转化或降解环境污染物,实现环境净化、生态恢复。生物修复技术目前已被用于清除受污染农田、地下水、河流、湖泊和海洋等环境中的污染物。目前被广泛认同的生物修复的定义是指微生物催化降解有机污染物,从而修复被污染环境或消除环境中的污染物的一个受控或自发进行的过程。除了微生物修复外,植物修复、动物修复乃至酶学修复等方式的出现,赋予了生物修复更加广泛的内涵,即生物修复是指利用细菌和真菌等微生物、蚯蚓等动物以及水生藻类、陆生植物,甚至酶及分泌物等的代谢活性降解、减轻有机污染物的毒性,改变重金属的活性或在环境中的结合态,通过改变污染物的化学或物理特性影响其在环境中的迁移、转化和降解速率。

物理修复与化学修复措施与生物修复的结合,是生态修复必不可少的构成要素,直接关系到生态修复的有效性和成败。在实际的修复过程中,把物理修复、化学修复措施更好地与生物修复结合起来,才能形成有效的生态修复技术。欧美发达国家和地区生态修复技术的研发历程分为三个阶段:20世纪80年代以前,生态修复方式主要为物理修复与化学修复;20世纪80年代至21世纪初,生态修复方式为物理修复、化学修复与生物修复;21世纪以来,生态修复开始广泛关注高效低费修复方法,研究重点为植物修复及自然转移和衰减。我国生态修复技术也经历了三个阶段:20世纪80年代以前,生态修复方式主要为物理修复;20世纪90年代,生态修复方式为物理修复、化学修复和生物修复;21世纪以来,生态修复方式为物理修复、化学修复和生态修复,修复技术主要采用微生物、植物、动物、固化或稳定化、土壤气提、化学氧化还原、热脱附、淋洗、化学萃取等,其中以微生物修复、植物修复、微生物-植物联合修复为研发应用重点。

典型案例

微生物修复

1989年,某石油公司的油轮在阿拉斯加 Prince William 海湾发生溢油事故,污染海岸线长达 500~600 千米。为了消除污染,该公司采用原位生物修复措施,通过喷施营养物加速海滩上自然存在的微生物对污染石油的降解,使石油污染程度明显减轻,并未向周围海滩及海水中扩散,使这次漏油事件在很多区域的潜在生态影响从 25~35 年大大缩短到了 5~10 年。此举反映出了微生物修复的巨大作用,是微生物修复在海洋污染治理中的成功典范,对环境污染的清除和治理具有代表意义。此后,生物修复技术得到了政府环保部门的认可,并因其具有成本相对低廉、一般不会造成二次污染等优势,开始被多个国家用于土壤、地下水、地表水、海滩、海洋环境污染的治理。

我国的生物修复处于刚刚起步阶段,最初的生物修复主要是利用细菌治理石油、农药之类的有机污染。随着研究的不断深入，生物修复又应用在地下水、土壤等环境的污染治理上。用生物强化技术处理土壤和地下水中的污染物，不久前在我国市场上还是一个空白。近些年来，市场上出现了很多生物技术公司生产的环保用菌种，产品进化势头迅猛，它们大多用于修复耕地，用作有机肥料，或者解决水华现象。

第八节　环保产业技术

环保产业是一个政策性很强的产业，发展动力主要来自环境法规和标准的制定与执行，企业社会责任感及公众环保意识提高等。当代社会的环保产业已经延伸到发展具有防止和减少污染、节约能源和减少资源投入等效应的新领域，由此促进了多种新的产业和服务的开发和成熟。发展节能环保产业是培育发展新动能、提升绿色竞争力的重大举措，是补齐资源环境短板、改善生态环境质量的重要支撑，是推进生态文明建设、建设美丽中国的客观要求。《"十二五"国家战略性新兴产业发展规划》将节能环保产业列为七大战略性新兴产业之首。2013年，《国务院关于加快发展节能环保产业的意见》提出要使节能环保产业成为国民经济新的支柱产业。随着全球经济一体化、环境保护和可持续发展的呼声日盛，发展节能环保产业和节能减排技术已成为国际经济科技竞争的新领域，世界环保产业市场也出现迅速发展的势头。从世界环保产业发展趋势看，环保装备将向成套化、尖端化、系列化方向发展，环保产业由终端向源流控制发展，其发展重点包括大气污染防治、水污染防治、土壤修复、固体废物处理、环境监测等方面。

一、大气污染防治

大气污染防治的任务是采取工程技术措施防治人类生产和消费活动引起的大气污染，以改善大气质量。大气污染防治行业的发展对改善大气污染治理、实现社会经济的可持续发展起着重要作用。大气污染防治可分为脱硫、除尘、脱硝和机动车大气污染防治等子行业。从区域总体情况来看，美国、欧盟、日本是全球大气污染控制产业的引领者。随着大气污染防治力度加大，大气污染防治将进入细化阶段，各个细分领域市场空间将逐步打开。以挥发性有机污染物为例，欧美国家和地区先后经历几十年时间开展挥发性有机污染物污染防治，直到现在挥发性有机污染物仍然是其大气污染防治的重点领域。美国在1990—2005年，挥发性有机污染物的减排量高达55%，欧盟范围内在过去的20年间也削减挥发性有机污染物达40%~50%，目前美国和欧盟仍在持续控制挥发性有机污染物。

全球大气污染防治技术从20世纪70年代中后期开始了初期探索，并随着人类对大气污染问题的认识程度和重视程度的不断提高呈稳定发展状态。1975—1995年，由于大气污染问题在国际上特别是发展中国家还没有被高度重视起来，大气污染防治技术尚处于技术萌芽期。20世纪90年代中后期，发达国家高度重视大气污染防治技术的研发。自2011年开始，大气污染防治技术进入了迅猛发展阶段。在工业大气污染控制中，静电除尘和袋式除尘等高效除尘技术占据主要优势，已成为主流技术。针对颗粒污染物排放，欧美发达国家和地区已经建立起了相对完善的颗粒污染物减排技术体系，静电清除技术在其中占有重要地位。

近年来，我国把大气污染防治作为调整产业结构和转变发展方式的重要举措，推动大气污染治理产业不断取得实质性成效。2013年9月，国务院出台《大气污染防治行动计划》。2018年7月，国务院发布《打赢蓝天保卫战三年行动计划》，提出了大气污染防治需求和环保产业发展重点。2018年10月，我国对《大气污染防治法》进行了修订。2018年12月，生态环境部发布《国家先进污染防治技术目录（大气污染防治领域）》，涉及除尘技术、烟气脱硫、中低温脱硝技术、挥发性有机污染物治理等35项技术。目前，我国大气污染防治技术方面的优先权专利处于绝对的领先地位，占据大气污染防治技术所有优先权专利的45%。电除尘、袋式除尘等技术已基本达到国际先进水平。

二、水污染防治

传统的污水治理技术大体可分为生物处理技术、物理化学处理技术和生态处理技术等。在生物处理技术方面，活性污泥法及各类变形工艺，以及膜生物反应器仍广泛应用于各类城镇和工业园区综合污水处理系统中；物理化学处理技术与生物处理技术相比，因其能更为有效地去除种类更多的污染物，因此在工业废水、城镇污水提标改造以及一些工业循环用水等方面得到更多的应用；生态处理技术在区域或流域的水生态系统治理和修复方面具有较强的优势。此外，一些新兴技术，如纳米技术、催化氧化技术、辐射技术等也逐渐开始被市场接受和采纳。

2016年，全球环保产业中水供应和废水处理领域市场规模最大，达到2 931.35亿英镑。工业废水处理市场规模不断扩大，2017年，全球工业废水处理行业市场规模约为3 680亿元。从区域分布来看，全球工业废水市场需求主要集中在美国、中国、欧盟、日本等地区。其中，2017年，美国工业废水处理市场规模约为1 000亿元，占全球的比重为27.2%；欧盟约为660亿元，占全球的比重为17.9%；日本约为550亿元，占全球的比重为14.9%；中国约为889亿元，占全球的比重为24.2%；其他地区约为580亿元，占全球的比重为15.8%。从行业需求来看，工业废水排放行业较为集中，当前市场需求主要集中在石化、冶金、造纸、纺织、电子、电力、制药等领域。

近年来，我国政府相继出台多项政策用于指导水污染防治，特别是2015年《水污染防治行动计划》发布以来，行业相关政策密集出台。我国工业废水处理技术发展的重点是高效、低耗的难处理废水技术和装备。中国膜技术在城市污水领域应用的专利申请量已经赶超美国，跃居至全球首位。

典型案例

处理水力压裂废水新技术

美国伊克斯菲尔技术公司开发出了能够处理水力压裂废水的新技术。该技术可以使石油开采商能够重复利用水资源，并减少水力压裂时化学品的使用量。该技术通过专业设备，在处理现场实时制造臭氧，不但避免了臭氧在运输过程中出现泄漏的可能性，还节省了运输过程中的燃料消耗，可以将臭氧使用量减少90%。

相比传统方法，该技术的不同之处在于：废水流过一个能够产生细小气泡的特殊容器，这个过程被称为形成气穴。之后，通过超声波来创造更多的气泡。形成气穴的过程不但分解了水中的生物污染物，使臭氧更为有效，还创造了许多能够起消毒作用的自由基。最后，该公司还会给废水通电，使水中的盐分沉淀。

三、土壤修复

土壤污染修复是消除污染物和恢复土壤生态功能必不可少的技术手段。土壤污染修复技术研究起步于20世纪70年代后期。土壤修复技术趋于多元，需依据污染场地的特点进行选择。修复技术的研发和创新对土壤修复行业的发展有重大意义。按照修复手段起主导作用的处理技术所采用的方法，可将土壤污染修复技术分为物理修复技术、化学修复技术和生物修复技术三大类。物理修复技术是通过各种物理过程将污染物（特别是有机污染物）从土壤中去除或分离的技术，包括焚烧、填埋、电动修复、蒸汽浸提、热脱附等。化学修复是添加能促进土壤中污染物发生化学反应的化学试剂，去除或者降低环境中污染物的修复方式，包括光催化降解技术、固化和稳定化技术、化学氧化还原技术、化学淋洗技术。生物修复技术是指一切以利用生物为主体的土壤污染治理技术，主要包括微生物修复、动物修复、植物修复。

国外土壤修复的趋势已经有着较为清晰的发展方向。在土壤污染修复决策上，已从基于污染物总量控制的修复目标发展为基于污染风险评估的修复导向；在修复的工程设备仪器上，已从基于固定式设备的离场修复发展为移动式设备的现场修复；在污染土壤的修复技术上，已从修复周期较短的物理修复、化学修复和物理化学修复发展为生物修复和基于监测的自然修复,即从单一修复技术发展为联合修复技术,从适用于工业企业场地污染土壤的离位肥力破坏性物化修复技术发展到适用于农田耕地污染土壤的原位肥力维持性绿色修复技术。从国外发达国家和地区的经验来看,西方发达国家土壤修复行业已经发展了三四十年,美国、西欧、日本、加拿大等发达国家已经进入成熟期,中东欧处于成长期,非洲、中东、印度以及东盟国家和地区正处于孕育起步期。土壤修复也成为环保投资的重点,可以占到环保总产值的30%~50%。2016年,全球环保产业中污染土地复垦和整治领域的市场规模为339.35亿英镑。在欧美发达国家,土壤修复产业占其整个环保产业的50%以上。

我国污染场地修复行业市场发展空间巨大。2016年5月,国务院出台《土壤污染防治行动计划》,开启了以立法促使监管趋严,带动强制性市场以及专项资金支持土地市场的局面。2018年1月,我国发布的《土壤污染防治先进技术装备目录》中提出了15种先进技术装备,包括污染土壤异位淋洗修复技术、土壤与修复药剂自动混合一体化设备等。2018年8月,我国通过了《土壤污染防治法》,自2019年1月1日起施行。

四、固体废物处理

固体废物处理与大气、水和土壤污染防治密不可分,是推进生态文明建设和环境保护不可或缺的重要一环。固体废物处理是指对在居民生活和工业生产过程中制造的废弃物进行处置,主要分为生活垃圾和工业垃圾两大类。从处置思路上看,固体废物处理分为资源化和无害化处理两大类,资源化处理主要是对可回收的固废排放物进行加工再利用,而针对不可回收物,主要进行无害化处理。目前无害化处理方式包括填埋、焚烧、堆肥这三种。其中填埋和焚烧都可以大量应用,而堆肥主要针对生活垃圾并多应用于乡村。

20世纪中叶之前,世界各国主要以填埋、丢弃等方式处理各类固体废物。20世纪70年代,随着经济发展速度加快,垃圾问题开始凸显,垃圾处理工作也开始受到各国管理者的重视。首部针对性的政策和法规在这一时期出台，为固体废物管理奠定了基础。到了20世纪80年代末90年代初，世界各国开始重视能源问题，从垃圾中尽可能回收能量和资源成为垃圾处理更高的目标。20世纪90年代后，发达国家的固体废物处理行业迎来了技术创新的高峰，新技术大量出现，各类垃圾的处理技术工艺路线逐渐形成，具有代表性的技术有流化床焚烧技术、机械-生物处理工艺的光分选技术、垃圾热解技术、稳定化（矿化）技术等。2016年，全球环保产业中废物管理领域的市场规模达到1 761.25亿英镑。固体废物处理产业是美国环保产业核心之一。截至2010年，美国环保产业年产值达到3 163亿美元，其中废水处理工程与水资源、固体废物与危废管理占比分别为28%、20%，是美国环保领域中最为重要的两个子行业。

目前，我国固体废物领域的年专利申请量已超过美、德、日等发达国家，是全球固体废物领域技术创新最为活跃的国家。目前的发展重点在填埋处理规模的取代和资源化利用的推进上。未来将重点发展污泥无害化、减量化、资源化技术，研发垃圾焚烧关键设备；加快危险废弃物非焚烧处置技术创新，提升飞灰、医疗废弃物综合处置能力；推动形成固体废弃物"收运处一体化"服务体系。

五、环境监测

环境监测是环境治理的基础，通过各种技术对物质含量和排放量进行跟踪监测，为污染治理和生态环境管理提供有效的数据支持。根据监测对象的不同，环境监测目标可分为大气、水、土壤、生物、噪声等方面的监测。环境监测产业可分为环境质量监测、污染源监测和其他监测三个部分。

除了传统的物理、化学分析监测技术方法外，3S技术[①]、分子技术、生物技术、信息技术、云计算和大数据等在环境监测领域的应用得到不断拓展

---

① 3S技术是遥感（RS）、地理信息系统（GIS）、全球定位系统（GPS）的统称。

和深入。其中，3S技术的信息处理、获取、运用能力非常强大，是一种将遥感技术、地理信息技术和全球定位系统进行有机合成的监测技术。环境监测仪器也将向高质量、多功能、集成化、自动化、系统化和智能化方面发展。

近年来，随着环保政策日趋严格，中国的环境技术市场发展迅速。其中，环境监测领域的发展尤为具有代表性。我国环境监测行业是个高成长性、政策支持力度大、市场增量空间大、技术壁垒偏高、行业集中度较高，同时遍及环保产业各个环节的细分行业。目前已形成了以大气、水等污染源监测为主的国家环境监测网络。

思考题

1. 简述生物多样性保护理论的价值及其在应用中的问题。
2. 生态修复的目标是什么？
3. 简述雾霾成因以及防治的主要措施。
4. 试述你对可持续发展以及我国如何践行可持续发展理念的理解和认识。
5. 简述我国在大气污染防治、水污染防治、土壤修复、固体废物处理、环境监测等方面的主要措施。

第五讲
现代农业科技

农业是我国国民经济的基础，是基础性产业。农业现代化事关国家现代化全局，党的十九大报告从全局和战略高度，提出实施乡村振兴战略，并进一步提出质量兴农战略，加快推进农业高质量发展，确保到新中国成立100年时迈入世界农业现代化强国行列。农业的现代化和高质量发展离不开农业科技的支撑。20世纪中期以来，随着分子生物学、基因组学及新一代生物技术和信息技术的发展，现代农业科技发生重大变革，极大提高了农业生产技术水平和农业综合生产力，使世界粮食总产量得到跃升，基本满足了全球的粮食需求，同时支撑了相关工业和服务业的发展。总体来看，科技已渗透到当代农业的方方面面，传统的劳动密集型农业正在快速转型为技术密集型和知识密集型农业，农业现代化进程不断加速。其中，分子模块与全基因组育种、病虫害免疫分子生物学机理及其应用、光合作用分子机理及其应用、生态高值农业体系、精准农业和信息农业、资源节约型和环境友好型农业、智能高效设施农业等方向是最受关注的现代农业科技前沿。

第一节 分子模块与全基因组育种技术

"一粒种子改变一个世界",种子是农业之母,是农业科学的"芯片",是粮食生产的源头,优良品种是确保农业高产、稳产、优质的重要基础,因此,育种技术是现代农业生产的重要技术。几十年来,育种专家们通过利用传统杂交育种方法培育了大批优良品种,为农产品生产和国家粮食安全做出了重要贡献。但随着分子生物学、组学和系统生物学等交叉学科的迅猛发展,以及基因组测序技术的不断突破,重要基因资源被逐步挖掘,传统育种的瓶颈效应日益显现,新品种选育越来越困难。在这种背景下,分子育种应运而生,分子育种技术可以实现基因的直接选择和有效聚合,大幅度提高育种效率,缩短育种年限,实现精确育种。特别是随着对动植物复杂性状研究的深入,针对多基因控制、多目标嵌入的分子模块育种和全基因组育种技术成为了农业科技的热点前沿方向。

一、分子模块设计育种

农业动植物高产、稳产、优质、高效等复杂表型性状呈现出模块化特性,表明其基因调控网络也具有模块化特性。基于此,我国科学家于2013年提出了分子模块及分子模块设计育种的概念。分子模块是指功能基因及其调控网络的可遗传操作的功能单元,整体上负责相关功能的发挥与目标性状的形成。分子模块设计育种则是基于分子模块进行动植物新品种培育的新型育种理论和技术体系,包括三个步骤:一是发掘和解析分子模块,二是阐明分子模块的耦合效应,三是在全基因组水平上进行多模块优化组装,实现复杂性状的定向改良,进而培育出新型"设计"品种。

在我国科研人员提出分子模块设计育种之前,比利时科研人员已于2003

年提出了分子设计育种这一理念。目前，分子设计育种已经成为国际作物育种的大趋势。世界种业巨头孟山都、陶氏杜邦及利马格兰等均在利用生物技术手段，将该技术体系广泛应用到作物育种中，有效加快育种进程。早在2007年，先锋良种借助玉米全基因组测序技术测定了600多个优良玉米自交系的1万个基因组。先锋良种和孟山都已拥有上万个单核苷酸多态性标记，为下一步设计育种奠定了坚实的基础。此外，种业公司还积极开发先进的表型检测设备，对作物的田间表型进行精准收集和分析，挖掘切实可用的分子模块，为分子设计育种提供信息支撑。

我国曾在"973"计划和"863"计划中设立了分子设计育种项目，并开展了相关工作。2013年，中国科学院提出分子模块设计育种理论和体系的同时，布局了战略性先导科技专项（A类）"分子模块设计育种创新体系"，在主要作物水稻、玉米、小麦、大豆及鱼类分子模块设计育种进行了一系列深入探索，在水稻耐寒、水稻氮高效利用、水稻抗稻瘟病、玉米骨干自交系的全基因组测序和SNP挖掘、控制玉米籽粒油分、小麦耐盐耐旱等关键分子模块的功能解析等方面取得了重要进展，并在模块育种实践方面取得重大成果，已审定水稻、小麦、大豆和高产银鲫新品种27个，其中，国审品种7个。众多分子模块设计新品种实现了超高产、品质改良和抗性提升的完美结合，如国审水稻品种"中科804""中科发5号""中科发6号"等。

知识链接

水稻品种设计

2018年9月18日，国审水稻新品种"中科804"现场会上，"中科804"从3 000亩示范田中脱颖而出，其在产量、抗稻瘟病、抗倒伏等农艺性状方面均表现突出。"中科804"和"中科发"系列水稻新品种是中国科学院遗传与发育生物学研究所李家洋院士团队成功利用"水稻高产优质性状形成的分子机理及品种设计"理论基础与品种设计理念所育成的标志性品种，实现了高产、优质、多抗水稻的高效培育。"水稻高产优质性状形成的分子机理及品种设计"研究成果于 2017 年获国家自然科学奖一等奖。

二、全基因组选择育种

全基因组选择是一种利用覆盖全基因组的高密度标记进行选择育种的新方法。随着农业动植物基因组测序工作的相继完成，测序成本越来越低，加之计算机运算能力不断提升，这为全基因组育种技术的发展创造了技术条件。全基因组选择育种直接利用全基因组所有的标记效应去估计育种值，为现代育种工作提供了新思路。相比传统方法，全基因组选择育种具有更高的准确性，不仅可以实现早期选种、缩短世代间隔，还有降低近交、加速遗传进展的优点，尤其对低遗传力、难测定的复杂性状具有较好的预测效果，真正实现了基因组技术指导育种实践。

全基因组选择的概念由挪威科学家于 2001 年首次提出。随着芯片和测序技术日趋成熟，高密度标记芯片检测成本不断降低，全基因组选择模型的不断升级和优化，预测准确性不断提高，全基因组选择已成为动植物育种领域的研究热点。全基因组选择在奶牛育种中的应用效果尤为突出，自 2009 年起，奶牛的选育已完全由全基因组选择主导，成为奶牛遗传评估的标准方法。相比于后裔测定，全基因组选择可以显著缩短世代间隔，极大降低奶牛选育成本，且已取得较大遗传进展。猪的全基因组选择育种于 2009 年在欧美初步尝试，2012—2014 年，数个国外大型育种集团，如丹育、海波尔等相继开展猪的全基因组选择育种。此外，英国、法国、澳大利亚和新西兰等国家已将全基因组选择技术应用于羊的育种并取得了良好的育种进展，已经证明该技术能显著提高绵羊生长性状、羊毛性状和泌乳性状选择的准确性。在作物遗传育种领域，国际上已将全基因组选择应用于小麦秆锈病持久抗性和产量等复杂性状的遗传改良。

我国"863"计划在"十二五"期间已开始部署全基因组选择育种研究课题。在课题支持下对奶牛、猪、肉鸡、鱼类和贝类开展了全基因组选择研究，并自主研发出鸡芯片"IASCHICK"，创建了牛、猪基因组选择育种技术平台等。在作物全基因组选择研究方面，我国对水稻、小麦、玉米等作物开展研究，并创建了基于高通量测序和基因组育种芯片的水稻全基因组选择技术平台。与此同时，为进一步利用和发挥全基因组选择在育种中的作用，我国于2018年4月成立了肉鸡全基因组选择育种联盟，以将我国的肉鸡资源充分利用起来，快速、精准地实现定向选择，培育出具有自主知识产权的高品质肉鸡新品种，有效提升我国国产品种的市场竞争力。

媒体声音

肉鸡全基因组选择育种联盟

中国农业新闻网2018年4月25日报道：2018年4月21日上午，在北京康普森生物技术有限公司主办的2018年第一期全国畜牧基因组选育培训班中，"肉鸡全基因组选择育种联盟"在北京正式成立，肉鸡全基因组选择育种联盟由中国农业科学院北京畜牧兽医研究所、北京康普森生物技术有限公司、广东温氏南方家禽育种有限公司、江苏立华牧业股份有限公司等8家单位联合组成。虽然我国肉鸡全基因组选择育种技术已经成熟，具备投入市场应用的条件，但科研机构和产业应用还存在着十分严重的技术脱节问题。肉鸡全基因组选择育种联盟的成立，正是为了加快推动全基因组选择育种技术在肉鸡产业中的应用。联盟中各企业、科研机构间努力做到紧密沟通、资源共享，加速培育出更多肉鸡新品种。

第二节 病虫害免疫分子生物学机理及其应用技术

植物病虫害是严重危害农业生产的自然灾害之一，给农业生产造成了巨大损失，使全球粮食安全和食品安全受到严重影响。据估算，真菌病害已使水稻、小麦、玉米、马铃薯和大豆五大粮食作物的产量在全球范围内每年减少1.25亿吨，损失的粮食每年可多养活6亿人。近年来，全球气候变化以及种养方式的改变，病虫害灾变规律发生了新变化，呈多发、频发、重发态势。此外，目前对病虫害防治过分依赖化学农药和抗生素，导致病虫抗药性上升，农业面源污染加剧，生物多样性破坏。因此，发展绿色、精准和环境友好的病虫害防控技术越来越受到关注，并成为全球农业研究的重点，其中，开展病虫害免疫分子生物学机理及其应用技术研究，提高植物免疫防御能力，从源头上控治病害成为当前的热点前沿方向。植物免疫防御是植物在长期进化过程中，面对病虫害的侵害，形成的一种抵御外来生物入侵、定殖、生长及保护自身的防护机制。这种防御机制借助于植物激活的信号通路，并产生一系列生化代谢物质，完成对病原生物的抵御。

病虫害免疫分子生物学机理研究是作物抗病育种和病虫害防治药物开发的科学前提。近年来，随着分子生物学、组学、生物信息学等学科的发展及其在植物保护学中的应用，国际上植物免疫分子生物学机理研究主要涉及两个角度：一是从植物的抗病机制出发开展研究；二是从病虫害的入侵机制出发开展研究。

病虫害免疫分子生物学机理的应用主要可以在两个方面发挥作用：一方面，可以提高病虫害综合防控能力。在"预防为主，综合防治"前提下，优先采用农业防治、物理防治、生物防治技术等防控手段，大力发展新型农药、兽药、动物疫苗替代技术及相关产品研发，促进传统化学防治向现代绿色防控的转变，实现病虫害的可持续控制，保障农业生产安全和生态环境安全。另一方面，可以加强抗虫、抗病品种培育新技术的研发及其应用。近年来兴起的植物寄主介导的RNA干扰技术、基因编辑等新技术在病虫害的绿色防治中显示出巨大的潜力，孟山都、先正达等大型农业公司纷纷将其纳入研发产品线项目，并获得了重要进展。我国近两年在病虫害免疫分子生物学机理研究方面也取得了重大进展，如浙江大学与国外机构合作首次揭示了5-羟色胺与水稻抗虫性之间的关系。中国农业科学院研究人员揭示了稻瘟菌致病性和水稻抗病性新机制,发现了植物营养和抗病性间的内在联系。

典型案例

5-羟色胺与水稻抗虫性

浙江大学联合英国纽卡斯尔大学和国内多家机构,首次揭示了5-羟色胺与水稻抗虫性之间的关系,即降低5-羟色胺生物合成可以提高作物抗性。研究发现,当害虫侵食水稻时,5-羟色胺含量会增加。由于5-羟色胺对害虫而言会提高水稻的"口感"和"营养",因此5-羟色胺含量增加会促进害虫进一步危害作物,所以,通过降低作物中5-羟色胺的合成可提高作物抗性。以往研究中发现的抗虫相关物质通常对害虫是有害的,往往通过在作物中高表达这种物质来实现抗虫的目的。因此,该发现为作物抗虫育种和制定病虫害防治策略提供了一个新视角。相关研究成果于2018年5月7日在线发表在《自然·植物》上。

第三节 光合作用分子机理及其应用技术

光合作用是作物产量形成的物质基础,植物干物质的90%~95%来自光合作用的产物。提高作物光能转化和利用效率是作物增产的重要途径之一。目前高产的稻麦品种的光能利用效率仅为1%左右,远远没有达到约5%的理论值,挖掘和提高光能利用效率具有巨大的潜力。光合作用研究是一项在农业上具有基础性、前瞻性和战略性的任务,需要加快探索提高光能转化调控和遗传控制规律的研究,挖掘提高光能利用效率的关键基因并阐明其功能,为提高光合效率形成新思想和新手段。随着光合作用光能转化机理的揭示,未来提高作物光能利用效率的研究将会取得革命性突破,为大幅提高作物光能利用效率和显著增加作物产量提供理论依据和有效途径。

> **关键概念**
>
> ## 光合作用
>
> 光合作用是植物利用太阳光能，以二氧化碳和水为原料，合成碳水化合物的生物物理、生物化学过程。光合作用为人类提供粮食、能源，同时也是地球生态系统中碳循环和水循环的关键一环。光合作用对人类社会的重要性，使其研究及应用一直处于人类探究自然、改造自然的最前沿。其中，光合作用高效吸能、传能和转能的分子机理及其调控原理是光合作用研究的核心问题，是重大的科学关键问题。光合作用分子机理在农业中的应用可以通过遗传改良获得光合效率高的作物品种，并因此而提高作物产量。

当前，光合作用领域研究的核心科技问题主要包括揭示光合作用光能高效利用的分子机理及其调控规律，提高作物光能利用效率，从遗传本质上发掘调控光合作用效率的关键基因资源，为培育高光效品种提供理论基础和技术方法；深入研究光合作用光能转换过程中所涉及的光能转化、碳同化以及环境影响因素，挖掘作物光能利用潜力，揭示光能利用效率调控的分子机理；在光合作用光能吸收、传递和转化、碳同化及其环境调节方面，鉴定一批在农作物光合作用过程中起关键作用的功能基因，揭示改进作物光能利用效率、提高作物产量潜力的分子机理，为农作物的遗传改良提供理论指导。

国际上在光合作用分子机理及其应用技术研究方面取得了重大进展。2015 年，国际水稻研究所的科研人员将关键的 C_4 光合作用基因转入水稻，培育出 C_4 水稻的原型，可以极大提高水稻的光合作用效率，从而提高产量。该项工作入选《麻省理工学院（MIT）科技评论》2015 年"全球最可能改变世界的十大科技突破"。2018 年，英国帝国理工学院牵头的一个国际科研团队发现，在阴暗环境下生存的蓝藻内存在一种新型的光合作用机制。目前我们所知的光合作用是通过叶绿素 a 利用可见光进行光合作用，而这些蓝藻却是通过叶绿素 f 利用近红外光进行光合作用，该发现不仅改变了人们对光合作用基本原理的认识，甚至还可能改写教科书，在实践中有助于发现更好的作物改良方法。

我国通过"973"计划在光合作用的一些重要研究上进行了布局，并取得了一些进展。如2015年中国科学院植物研究所的研究人员成功获得了光系统I光合膜蛋白超分子复合物2.8Å的世界最高分辨率晶体结构。这一突破性研究成果对于阐明光合作用机理具有重大理论意义，该成果入选了中国科协生命科学学会联合体评选出的2015年度"中国生命科学领域十大进展"。但是，由于光合作用研究既是前沿科学，又是高新技术，还是多学科（如生物学、农学、光物理、光化学、纳米科学、材料学、计算机等学科）的交叉科学，因此需要开展长期和系统的综合研究。

第四节　生态高值农业体系

生态高值农业是我国科学家提出的一种充分应用现代及未来新能源、新材料、新装备以及新信息技术、新生物技术等武装起来的农业高新技术体系与生产模式，其宗旨是在确保生态环境友好的前提下，通过提高农业科技内涵和提高农业生产管理水平，实现农业产业的高值化，从而大幅度提高农业生产能力、产业化水平、竞争力和比较效益。未来我国农业发展将面临巨大机遇和挑战，除食品安全外，农业的比较效益不断下降，生态环境压力日益增大，全球不确定性因素对农业发展的影响日益明显，农业本身也面临减排温室气体的压力。发展生态高值农业是应对未来农业巨大挑战、实现农业可持续发展的一项最重要的创新举措，也是现代农业可持续发展的方向。

当前，构建生态高值农业技术体系迫切需要突破的关键技术主要包括五类：一是无公害农产品种养殖技术。包括环境友好型肥料、生物农药、病虫草害生物防治、可降解农膜、废弃物资源化利用、污染物处理技术等。二是农产品加工技术。提升营养水平和商品化水平的高附加值加工技术及相应加工设备的研制。三是我国传统农业精华技术。包括间套复种和轮作、保护性耕作、病虫综合控制技术，生态化种养殖技术。四是标准化生产技术。重点就生态化物料投入，生态化种养殖业，无公害产品加工，产品营销技术规程、标准等进行规范化研究，为农业的规范化和国际化奠定基础。五是高新农业技术。目前主要为分子育种技术、精准农业技术、基于可降解塑料的农用薄膜、害虫的性引诱技术、新型纳米控释肥生产、新型微生物制剂等。

我国发展生态高值农业的指导思想是运用系统工程学的方法，在不同尺度上全面规划、合理组织农业生产，优化集成国内外污染物农艺削减、农业减排、农业废物无害化处理、养殖系统废物资源化循环利用等方面的先进环境保育技术，并结合先进的农业清洁生产与加工技术，倡导在物质与能量不断循环利用的基础上发展农业经济，研发适于中国不同区域的以生态高值为特征的农业发展模式及其配套技术体系，提升区域农田的生态环境保育功能和农产品质量，实现生态与高值的双赢，从根本上解决经济高速发展带来的生态环境问题、食品安全问题，维护农业经济和农村社会的可持续发展。

我国生态高值农业的研发内容与目标有四个层次：一是提升五大科技领域的研究水平。主要包括植物种质资源与现代育种技术、动物种质资源与现代育种技术、资源节约型农业科技、农业生产与食品安全技术及农业现代化与智能化农业科技。二是建立生态高值农业的综合技术体系。包括建立健全生态高值农业创新体制、制定和实施资源节约发展战略、建立和施行产品质量安全保障、构建智能农业预警系统等。三是研发我国六大城市圈、十大典型区域生态高值农业发展模式及其技术支撑体系。六大城市生态圈建设模式包括北京、上海、重庆、武汉、沈阳、南京；十大典型区域生态高值农业发展模式为：长三角城市群郊区生态高值农业模式、华中种-养-加一体化农业圈层模式、西南山地立体农业生态高值农业模式、南方亚热带特种农林果综合开发模式、滨海滩涂农业综合开发利用模式、黄淮海平原粮养加农业综合模式、东北平原粮食基地综合开发利用模式、西北寒旱区农牧综合开发模式、北部漠境盐湖综合整理开发模式、黄土高原水土保持及农林果流域开发模式。四是建设农业的三大产业化体系，包括建立农产品产业化体系、加工产业化及综合产业化体系等。最后在上述四个层次研发基础上,全面建立我国生态高值农业产业化网络体系。我国生态高值农业典型模式探索已初见成效。

典型案例

"种-养-加"模式

我国江苏省泰州市里下河地区生态农业示范区建立了一种典型的生态高值农业发展模式,即基于稻田湿地功能的"种-养-加"模式。该示范区面积为66.6公顷,辐射区面积达3 000公顷。在该示范区内采用稻田湿地功能的优化轮作模式与畜禽养殖排泄物安全处理与利用技术相结合,在基地形成了"一头猪、百只禽、千斤粮、万斤果蔬、万元田"的"种-养-加"特色循环农业模式。稻田湿地可完全接纳农村农业废水,水旱轮作基本克服了设施栽培中的连作障碍,并提高了水肥利用率,降低了化肥与农药用量,年产值和经济效益得到很大提高。该模式的创新性包括结合长三角城市群郊区环境保育功能,突出了农业废弃物无害化处理及其所含养分的循环利用;针对长三角农业布局及特色农业生产中的突出问题,从循环经济角度出发,提出了操作性强的城郊生态高值农业典型发展模式及其技术体系。

第五节　精准农业和信息农业

信息科学技术的广泛应用和高度渗透,将重塑世界社会经济发展新格局,未来每一个产业都要接受信息化的洗礼和改造,农业也不例外,而且由于农业系统的复杂性,更需要信息技术武装和支撑,以实现农业信息化和精准化。只有通过发展以信息要素为主要特征的精准农业和信息农业,才能突破传统的生产方式,实现农业生产精准管理,大幅度提高农业生产效能、资源利用效率、农产品的产量和质量,节约成本,减少环境负效应,促进农产品流通和贸易,实现真正意义上的农业现代化。对于我国而言,积极发展精准农业技术和农业信息化技术，不仅有利于推进我国自主知识产权的高技术农业，而且对全面提高我国农业现代化水平，增强我国农业在国际上的整体竞争力具有重要战略意义。

一、精准农业

精准农业是由信息技术支持的根据空间变异，定位、定时、定量地实施一整套现代化农事操作技术与管理的系统，是现代化农业发展的一个趋势和潮流。世界经济论坛和麦肯锡公司指出，精准农业技术是到2030年可加速粮食系统变革的12项关键技术之一。

 知识链接

加速粮食系统变革的12项关键技术

2018年1月，世界经济论坛（WEF）和麦肯锡公司联合发布《技术创新对加速粮食系统转型的作用》的研究报告。报告指出，受第四次工业革命驱动的新兴技术为加速粮食系统转型提供了重大机遇。到2030年，有12项关键变革性技术可以在粮食系统中产生显著的积极影响，包括蛋白质替代技术、食品传感技术、营养遗传学技术、农业信息和市场及金融移动服务技术、农业保险大数据和深入分析技术、物联网技术、精准农业技术、基因组编辑技术、微生物组学技术、作物保护和土壤微量营养素管理技术、离网可再生能源发电和电力存储技术。

国际上围绕精准农业农田信息采集、分析决策、精准作业技术开展了广泛研究。在农田土壤养分与水分、作物生长与生理参数、病虫草害分布等要素信息的快速采集技术上，已实现部分突破，并开发出了相关技术产品；在精准农业决策分析技术上，建立了作物模拟模型和农业专家系统。发达国家精准作业技术装备已趋于成熟，各种电子监控、控制装置已应用于复杂农业机械上，变量播种机、施肥机、施药机和联合收割机等高度智能化农业机械

已逐步进入国际市场。精准农业技术的应用，实现了农业资源高效利用，提高了农业生产综合效益。

我国的精准农业研究总体上处于研究和示范阶段。近年来，围绕信息获取、信息处理、变量实施等精准农业的关键技术环节，进行了卓有成效的研究，并通过系统集成，开发出相应的产品和系统，一定范围内进行了示范应用，取得了显著的经济、社会和生态效益。未来，随着生命科学、信息科学、材料科学、环境科学和控制科学的不断发展及在农业领域中的全面渗透，精准农业技术以及相关的现代农业生产装备，特别是农业智能装备将会得到快速发展，农业技术装备将从传统功能型逐步向信息化、智能化、通用化、精确化和多功能化方向发展。

二、信息农业

信息农业是农业信息化发展的高级阶段，是现代信息技术在农业中应用的结果。信息农业是对现代农业的继承和发展，其基本标志是高技术化、信息化、数字化，其核心是对信息的采集、加工、传播和利用，也就是把计算机技术与3S技术集成，准确、快速地获得农业生产中的动态和空间上的数据，并将这些数据编辑、分析、显示，为农业生产和农业决策提供依据。信息农业基本特征可概括为农业基础装备信息化、农业基础操作自动化、农业经营管理信息网络化。

近年来，随着农业信息化的快速发展，正在把农业生产推向国家和全球视野，特别是发达国家农业，正在通过农业信息化融入国家和国际市场。例如，美国通过遥感监测获取全美和全球的粮食种植信息，以确定粮食丰缺、价格和未来生产。德国通过建立国家信息网，整合全国农业信息，向90%以上的农业生产者提供植物保护、生产资料、农产品市场状况等多方面的信息服务。实现农业国际化发展视野的关键是完善农业数据资源实时采集系统与信息的标准化管理，并通过建立共享平台，推进农业生产、资源、气象、运输、储存、加工和市场等信息的智能分类、全球网络化共享，采用智能信息采集机器人向用户零距离终端（手机、电视、家用计算机等）提供精准的信息推送服务。

我国经过"十五""十一五""十二五"科技攻关计划、"863"计划以及"信息入乡""村村通"等项目的实施，国家投入了大量资金，建立了遍布全国的计算机网络、通信网络和电视网络。目前为止，我国在互联网信息服务、农业数据库建设、基础硬件设施建设、管理信息系统、3S技术应用、人才培养等方面取得了重要进展，为我国农业信息化快速发展奠定了坚实的基础。与此同时，我国在农业信息化基础理论、关键技术研究、技术产品研发和应用方面也取得了重要突破。以互联网为主，广播电视网、电信网、卫星网为辅的专业化农村信息服务机构开始出现。今后，信息农业发展将向智能化、网络化和多网融合方向发展；农业信息服务资源向标准化、多媒体化与共享方向发展；农业信息服务终端向便携、低成本方向发展；现代信息新技术，如智能搜索、网格等向应用方向发展。

知识链接

国家农村信息化示范省建设工程

2009年，科技部、中共中央组织部、工业和信息化部三部委联合启动国家农村农业信息化示范省建设工作。山东、湖南、安徽、河南、湖北、广东、重庆共7个省市开展先期示范工作。示范省建设将按照"平台上移、服务下延、一网打天下"的基本思路，依托全国党员干部现代远程教育网络，搭建"三网融合"的信息服务快速通道，构建"资源整合、统一接入、实时互动、专业服务"的省级综合服务平台，促进基层信息服务站点可持续发展，完善农村信息化服务体系。国家农村信息化示范省建设工程的推进对我国农业信息化、城镇化以及农业现代化意义重大。与此同时，科技部、农业部、商务部、文化部、工业和信息化部于2010年共同制订了《农业农村信息化行动计划（2010—2012年）》，明确提出了农村信息化的指导思想、发展目标、行动内容和政策措施，进一步强调资源整合在农村信息化示范工程中的核心地位。

第六节　资源节约型和环境友好型农业技术

农业是一个高度依赖自然资源与生态环境的产业，一些农业生产活动又对资源环境产生很大影响，具有较大的负外部性，为实现农业可持续发展，必须大力发展资源节约型和环境友好型农业。资源节约型和环境友好型农业就是围绕转变农业发展方式，以提高资源利用效率和生态环境保护为核心，以节地、节水、节肥、节药、节种、节能、资源综合循环利用和农业生态环境建设保护为重点，推广应用节约型的耕作、播种、施肥、施药、灌溉与旱作农业、集约生态养殖、秸秆综合利用等节约型技术，推广应用减少农业面源污染、减少农业废弃物生成，注重水土保持和保护环境等环保型技术，大力培养农民和农业企业的资源节约和环境保护观念，大力发展循环农业、生态农业、集约农业等有利于节约资源和保护环境的农业形态。资源节约型和环境友好型农业科技发展重点聚焦三个技术方向：耕地资源的集约利用与耕地质量的定向培育技术、农田生态系统水资源高效利用技术、环境友好型高效肥料的创制和施肥技术。

一、耕地资源的集约利用与耕地质量的定向培育技术

耕地资源的集约利用与耕地质量的定向培育技术是节地型农业生产体系的重要技术，一方面通过将农业生产层从平面布局向垂向扩展，多层次地吸收利用光热资源和外界输入的物质能量，来提高单位土地面积的产出率，包括间作套种和多熟种植等多种形式和多种层次的立体农业。另一方面通过修复和培育土壤提高土壤质量，来提高单位面积的产量。耕地资源的集约利用与耕地质量的定向培育技术的重要方向有建设智能化无线网络监测体系与分布式数据采集管理平台；开展土壤肥力评价和土壤肥力演变规律研究；完善土壤环境质量、健康质量的评价指标体系，形成相应的评价标准；构建不同质量级别耕地土壤的定向培育技术体系；构建耕地土壤墒情预报网络等。

20世纪60年代以来，欧美等发达国家和地区基于卫星遥感等信息技术和自动化监测技术的发展，大力提升耕地监控与预警技术，建立了国家尺度的耕地监测网络，监测、预警耕地面积和质量的长期变化。美国从20世纪80年代，欧洲和加拿大从20世纪90年代开始建立了国家尺度的生态系统监测网络，建立了区域尺度的耕地水土质量研究和监测平台。近期发展趋势是建设智能化无线网络监测体系与分布式数据采集管理平台。此外，20世纪90年代起国际上将耕地土壤培肥技术拓展到土壤环境质量和健康质量的培育技术体系。

我国自20世纪50年代起开展了区域耕地规划以及区域耕地综合承载能力的评价研究，不断发展区域耕地资源评价方法与技术；20世纪80年代起，开展了区域耕地集约利用技术研究；20世纪90年代起，日益重视发展节地技术、区域耕地利用协同耦合与规划技术，目前发展趋势是建立不同区域"耕地替代技术"，包括土地整理补充、宜耕地土地后备资源开发和土地复垦补充；建立区域耕地规模经营的政策和方法，全面建立国家土地资源安全保障与调控系统。与此同时，我国针对红壤、黑土、潮土和水稻土开展了土壤质量演变和定向培育技术研究，未来需要发展耕地质量评估监测方法和土壤质量的稳定提升技术体系。此外，我国建立的国家土壤信息服务平台已经上线，为耕地土壤的保护利用提供了基础保障。

知识链接

国家土壤信息服务平台

由中国科学院南京土壤研究所土壤与农业可持续发展国家重点实验室"数字土壤与资源管理"团队研发的"国家土壤信息服务平台"经前期试运行，于2019年6月17日正式上线。该平台是在中国土壤数据库和土壤科学数据中心长期积累土壤数据和样品资源的基础上，通过集成土壤学专业知识模型，结合先进的网络地理信息系统（WebGIS）技术和空间数据库技术构建的专业土壤信息平台。平台Web端已集成的功能模块包括空间数据可视化、用户私有数据云管理、空间插值制图、土壤分类参比转换、土壤有机碳储量估算、土壤样品资源检索等，全面提升了用户对土壤信息的管理与获取能力，并在一定程度上满足了用户开展土壤数据分析的需求。同时平台移动端通过集成空间数据定位检索、土壤类型辅助识别、采样信息记录、质地三角图查询等功能，使得土壤信息能够随时随地被获取、记录，从而为土壤野外调查提供支撑。

二、农田生态系统水资源高效利用技术

农田生态系统水资源高效利用技术是节水型农业生产体系中的关键技术，节水型农业生产体系是指充分利用降水和可利用的水资源、采取多种有效节水措施提高水的利用率的农业，包括节水灌溉农业和旱地节水农业（雨养农业）两部分。农田生态系统水资源高效利用技术的重要方向包括优化农田水利工程，合理调度与科学管理降水、地表水与地下水；研发田间节水灌溉、土壤水保持、水资源循环利用技术体系，提高区域水资源的整体利用效率和经济效益。

近五十年来，国内外发展的农业节水灌溉的技术措施主要包括：加强灌溉工程的配套和管理，提高渠系水利用系数；采用先进灌水技术，减少水分消耗；构建节水灌溉模式，实施节水型灌溉制度。未来节水农业灌溉系统的发展趋势是建立最低水消耗的输水系统、自动化控制系统（水源配水、墒情预报、田间灌溉）和综合农业技术措施的集成体系。其中，旱地节水农业发展综合技术体系包括：调整农业结构，适水适土种植；选择、培育和推广抗旱高产品种；改革土壤耕作制度，提高土壤保墒能力；增施有机肥培肥地力，提高降水利用率；利用封闭型农田气候工程，抑制棵间土壤蒸发；在化学节水技术方面发展抗蒸化学剂，以抑制土壤蒸发和减少作物蒸腾，提高土壤水分的生产潜力。

典型案例

欧盟精准灌溉平台项目

欧盟精准灌溉平台项目推出了精准灌溉决策支持系统，可以提供农田最

佳灌溉及施肥建议，田间试验已经取得良好效果。

全球领先的导航技术高科技公司 Trimble 推出了 Trimble Irrigate-IQ 精准灌溉服务和"连接农场灌溉（Connected Farm Irrigate）"应用软件，用户可以通过互联网远程控制变量灌溉、接收水肥施用反馈报告，该技术可以提高灌溉效率、减小成本并实现农业废水的安全处理。此外，该公司在农田综合管理解决方案中推出掌上作物传感器"绿色搜索者"（Green Seeker），用于了解植物需求和合理施肥。

我国近期节水技术的发展趋势是：研发有限水分亏缺下作物产生伤害与自我修复的高效用水调控技术；在改土培肥、抗旱保墒、地膜与秸秆覆盖等常规的农业技术措施基础上，研发品种节水、化学节水、有限灌溉原理与技术；基于水肥耦合增效理论，研发水肥耦合管理技术。针对渠灌区研究井渠结合的灌溉方式，在发展地面节水灌溉技术体系（如平地、沟灌、间歇灌）基础上，研发推广喷灌、滴灌技术体系及配套设备，建立水资源利用的预测预警系统和管理决策平台，在流域尺度综合集成（工程、生物、化学）节水技术体系。

三、环境友好型高效肥料的创制和施肥技术

肥料是除土壤外最基础的农业生产资料，是农业持续发展的物质基础。但是，肥料的长期和过度使用会造成农田生态系统失衡，土壤板结、酸化、盐碱化、耕层变浅、农药和重金属超标等，使得耕地的质量下降，土壤污染日益严重，从而严重制约农业的可持续发展。所以必须创制环境友好型高效肥料及其施肥技术。目前，环境友好型高效肥料的创制和施肥技术的重要方向包括：在强化作物养分需求规律、土壤供肥特性研究的基础上，以复合高效、缓控释放和环境友好为目标，开发适合不同区域、不同作物与耕作方式的新型专用肥料；进一步提升"水-肥一体化"技术、农田一次性施肥技术、"种-养-加"结合的养分循环增效技术；配合施肥机械、施肥技术与农田肥

力监控系统的研发，提高肥料的整体利用率。

近五六十年来，肥料向复合高效、缓释控释和环境友好等多方向发展。国外化肥生产的总趋势是发展高效复混肥料，减少副成分，满足作物高产、高效、优质的需要，节约包装、运输、储存和施用的花费，提高肥效。目前，发达国家的化肥主要是复混肥，如美国和英国复混肥占79%，日本、法国、德国的复混肥占60%~80%。此外，美国等发达国家生产超高浓度的复合肥，如聚磷酸铵和聚磷酸钾，同时还生产含有钙、镁、硫等中量元素的多元复合肥料，并正在研制含有有机物质、生长激素、除草剂、农药及微量元素的多功能复合肥料。在缓释控释方面，国际上都在积极发展可控释肥料，包括生化抑制剂型缓释肥料（如二元酚和醌、磷胺类化合物）、低水溶性无机或有机合成肥料（如无机磷酸铵化合物、脲甲醛和草酰胺等）、包膜（裹）缓释控释肥。近年来，美国学者借鉴亲水性高分子材料在医药和农药上作为控释载体的成功应用，提出了以亲水性高分子材料作为养分控释载体的胶粘肥料新概念，并发明了专利，此材料能被土壤微生物降解，添加量小，成本低，代表了可控释新肥料发展的新方向。此外，精准施肥，提高肥料的利用效率并减少环境污染也是一个重要研究方向，有些跨国肥料公司已开发出了新的强化微量营养素的硫肥施肥向导应用程序，可用于精准施肥。

我国从20世纪60年代开始发展磷酸铵复合肥，目前，全国复混肥的发展趋势是从平衡供给作物养分角度出发，调节氮、磷、钾比例，并根据区域气候-土壤-作物状况，合理配伍中、微量元素肥料。其次是发展混配肥料，结合县域土壤测试和肥料配方，以及区域农田养分资源管理决策支持系统的研究，研制适合区域条件的掺混设备和工艺。针对经济作物和果蔬，开发新型缓释控释肥料，最终建立资源节约增效型农田生态系统。目前，我国肥料行业已经到了转型发展的关键期，推进供给侧改革，才能推动行业产业结构调整、化解过剩产能、提高核心竞争力，朝着绿色、高效、生态的新型肥料方向发展。肥料行业发展到高级阶段应是生产型和服务型的混合体，并由此带动产业链升级和价值递增，以适应农业供给侧改革、满足农业可持续发展的需求。

知识链接

农业供给侧结构性改革

当前我国农业发展已进入新阶段，主要矛盾由总量不足转变为结构性矛盾，突出表现为阶段性供过于求和供给不足并存，矛盾的主要方面在供给侧，因此提出推进农业供给侧结构性改革的战略举措，并于2016年12月制定并开始实施《中共中央、国务院关于深入推进农业供给侧结构性改革 加快培育农业农村发展新动能的若干意见》。农业供给侧结构性改革是整个供给侧结构性改革的重要一环，要从生产端、供给侧发力，把增加绿色优质农产品供给放在突出位置，优化农业产业体系、生产体系、经营体系，从整体上提高农业供给体系的质量和效率。农业供给侧结构性改革要优化三个方面的结构，包括优化产品结构和品质结构、优化产业结构和区域布局、优化技术结构和经营结构。

第七节 智能高效设施农业

设施农业亦称为工厂化农业，是在相对可控条件下，采用工业化生产方式进行农产品生产的农业模式。近年来，随着物联网、云计算、人工智能技术的发展及其在设施农业中的结合应用，颠覆了传统农业生产方式，发展出了智能高效的设施农业。因此，智能高效设施农业就是通过利用物联网、云计算、人工智能等智能化技术，配备重要智能化装备，实现高效、精准、智能化生产的设施农业。智能高效设施农业包括多种形式，如植物工厂、垂直农业等。

美国是最早发展工厂化农业的国家，美国的工厂化种养业并非一般意义的温室生产，而是综合利用多种高科技成果的产物，既要应用生物技术培育种子，又要应用计算机技术对光照、温度、湿度、施肥、用药、营养液等进行控制，还要利用新材料、新能源等高科技实现节能环保。日本、以色列和欧洲发达国家在植物工厂技术方面处于全球领先地位。植物工厂已实现了一年多茬次栽培，极大提高了农作物的生产效率和产量，但也存在成本高的不足。植物工厂技术注重温室精确施肥、太阳能和风能利用、雨水收集利用、水资源和营养液的循环利用、土壤和大气保护、温室管理机器人等技术的综合开发利用，未来的发展方向是节能、环保、高产、高效、优质、安全、生态。

垂直农业主要指的是在高楼里种植、生长和收获农产品的一种新型农业发展模式和途径，是在城市中心附近种植作物的唯一途径，可有效扩大生产面积和产量，且在降低运输成本和提高产品质量方面具有很大优势，但是成本，特别是设施的运营成本高于传统农业，其中照明、空气管理和水管理三项基础设施的运营成本最高，因此垂直农业的发展在于能否构建高效、低成本的智能系统。垂直农业发展的优势除了可以在人口密集的都市种植，降低运输成本，节约空间外，还可以节约用水，有专家认为，垂直农业相比于普通田地里种植的作物将节约95%的水。最重要的是，垂直农业可以将传统农场解放出来，用来种植更多树木，从而改善地球的生态环境。新加坡等严重依赖进口食品的国家早就开始了对垂直农业的大规模实践，新加坡建造的绿色环保节能大厦 EDITT 大楼就是对垂直农场建设的探索。美国也是最早探索垂直农业的国家，其 2004 年成立的垂直农场公司 AeroFarms 早已进入实际生产阶段。此外，像中东和非洲这些高度缺水、干旱的地区，以及俄罗斯这些常年寒冷、不适合种植蔬菜的国家，也已经发力或者有垂直农场技术方进入。

知识链接

AeroFarms 垂直农场

AeroFarms 是 2004 年成立的一家美国垂直农场公司，是第一批垂直农场模式的探索者之一，截至 2017 年已种植了超过 200 种蔬菜品种，拥有 5 个室内垂直农场。其农场每年不分季节，使用 22 种作物进行轮种，每平方英尺（约合 0.09 平方米）的产量是传统农业的 130 倍。AeroFarms 开发的 LED 灯和气候控制系统可用于培育上百种绿色蔬菜和草药，无须阳光或土壤，这些独特的照明设备还能控制作物的大小、形状、质地、颜色、风味和营养等。另外，AeroFarms 使用雾培种植系统，又称气雾栽培法，它是利用喷雾装置将营养液雾化为小雾滴状，直接喷射到植物根系的一种无土栽培技术，比传统种植方式节省用水 95%，而且不使用任何杀虫剂。2017 年 1 月，国内知名风投机构金沙江资本和 AeroFarms 展开合作，准备在北京、广州、深圳、杭州等地区建造第一期 10 个全尺寸垂直农场。

我国在垂直农业方面刚刚起步，有些研究人员和少数公司在开展相关研究和商业化应用。2015 年，我国举办了首届国际垂直农业论坛，由北京中环易达设施园艺科技有限公司和德国垂直农业协会共同主办，旨在为持续推进垂直农业在全球范围内的技术交流提供一个跨界的资源平台，使有效的科技成果为都市农业所利用。全球垂直农业领域的知名专家及商界人士、学术机构、投资人、现场嘉宾等共数百人参加了此次论坛，并围绕垂直农业的主题，进行了深入探讨。目前，垂直农场的缺点是成本高、耗能，不过随着科技的发展和进步，这些问题终将得到解决，垂直农业的优势会充分显现。

思考题

1. 请分析农业科技对现代农业的深刻影响，并据此对未来农业发展趋势进行探讨。

2. 什么是农业面源污染？导致农业面源污染的根本原因是什么？如何根治农业的面源污染？

3. 什么是生态高值农业？如何发展生态高值农业？发展生态高值农业需要哪些核心技术？

4. 当前农业科技的关键热点技术有哪些？这些关键热点技术对我国农业未来的发展会产生怎样的影响？如何利用这些关键热点技术来促进我国及各区域农业的发展？

5. 现代农业发展新模式有哪些？探讨垂直农业的发展前景，其是否会成为农业发展主流模式？

第六讲
能源科技

　　能源是驱动人类活动的根本动力，人类每一次寻求新能源的行为都会引发能源革命，而每一次能源革命又必然伴随着能源科学技术的进步。能源发展具有周期长、投资大、惯性强、排他性等特点。20世纪中叶以来，能源科学技术在多个方向上取得了突破性进展，能源结构将实现从以化石能源为主向多元互补转型，能源开发利用将实现有效供应向清洁高效利用转变，能源生产将实现集中式发电向分布式发电转换，能源输配将实现人工控制到智能控制转变。能源科学技术及其引发的能源革命影响着人类的生活方式、生产模式和社会体制。

第一节　化石能源的清洁高效利用

以化石能源为主的世界能源结构导致的化石能源枯竭和环境污染，已经使能源问题上升为国家能否安全、全面、协调、可持续发展的重大战略问题。我国作为能源需求巨大的发展中国家，如何协调新能源与传统化石能源之间的关系，成为当前我国能源行业最为关注的问题。

我国的能源消费已经位居世界第一。截至 2017 年，我国能源结构中，化石能源与非化石能源之比大致是 6.28∶1，太阳能、风能、生物质能、地热能、海洋能等新能源只占 5.3% 左右。在化石能源中，煤炭、石油、天然气的比例大致是 9∶3∶1，煤炭是我国能源消费的大头[①]。

我国高碳型的能源结构基本上是在改革开放进程中成型的，较为现代化的煤炭工业、石油天然气工业的完整体系主要是 20 世纪 80 年代中后期及 90 年代建成的，设计寿命一般都在 30~50 年，巨量的投资被固化在其中，整个体系的运转才刚刚成熟，短期内停产并不现实。如果急速改变目前的能源结构，还将引发一系列的社会问题，诸如对消费结构、就业结构等的破坏性冲击，控制不好就会影响社会稳定。因此，在这一结构被长期锁定的情况下，唯一的出路就是实行能源结构的低碳化改良。

一、煤炭

1. 煤炭应用现状

近十几年来，我国煤炭消费量呈逐年增长态势，但未来我国煤炭消费量上升的可能性比较小，预计 2020 年消费量达到峰值。"十三五"期间，我国

---

① 2019 版《BP 世界能源统计年鉴》报告中文版．https://www.bp.com/content/dam/bp-country/zh_cn/Publications/2019SRbook.pdf.

把控制能源消费总量作为重要任务，其中煤炭作为控制总量的重点，煤炭的消费比重将降到60%以下，并将加快研究制定商品煤系列标准和煤炭清洁利用标准。根据最新统计数据，煤炭在我国能源结构中的占比由2007年前的73.6%和2016年的62.0%逐步降至2017年的60.4%[1]。

2020年以前，我国仍然处于工业化高级阶段向初级发达经济阶段转型的过程中，电力需求将继续保持较快速度增长，年均增速不会低于6%，到2020年全国需电量将达到7万亿~8万亿千瓦时。2021—2030年，我国将从发达经济阶段的初级阶段向高级阶段过渡，电力需求年均增速将放缓到3.5%左右，到2030年全国需电量将达到10万亿~11万亿千瓦时。2031—2050年，我国经济社会将处于高级发达经济阶段，我国步入中等发达国家行列，电力需求年均增速进一步放缓至1.0%左右，到2050年全国需电量将达到12万亿~15万亿千瓦时[2]。由于煤炭洁净发电是最安全、经济、环保的利用方式，因此作为我国的主体能源，煤炭用于洁净发电具有广阔的发展前景。同时，与天然气发电、核电、风电等相比，煤电更加安全和经济，而且通过近年来的持续技术创新，我国燃煤发电已能实现污染物近零排放。

现代煤化工成为未来煤炭消费的主要突破口。发展现代煤化工是对石油化工的有益补充，是发挥我国煤炭资源比较优势、降低石油对外依存度、保障我国能源安全的重要途径之一。

2. 煤炭清洁利用发展趋势

目前较为成熟的煤炭清洁高效利用方式有煤炭发电、煤制油品、煤制天然气。

煤转化为电能是最安全、经济、环保的利用方式。我国已拥有世界上装机最多、技术最先进的百万千瓦火电机组，有的机组供电煤耗指标已经达到

---

[1] 2019版《BP世界能源统计年鉴》. https://www.bp.com/content/dam/bp-country/zh_cn/Publications/2019SRbook.pdf.

[2] 我国中长期发电能力及电力需求发展预测. 国家能源局. http://www.nea.gov.cn/2013-02/20/c_132180424.htm.

世界最高水平，但低容量、低参数的锅炉比例仍然偏高，还应进一步优化火电结构，建设高参数、大容量机组。从能量转换效率、环境影响和投资成本等方面分析，超超临界、整体煤气化联合循环（IGCC）等发电技术各具优势，可以因地制宜、统筹发展。

经过多年发展，我国现代煤化工产业取得长足进步。一是自主煤气化技术得到广泛应用。多类型气化炉已签约百余台，主流气化工艺（水煤浆气化、粉煤加压气化）反应温度超过 1 400℃，废水、废气、废固量大大降低，转化效率高。二是先进煤化工合成技术取得重大突破，国产化技术实现工业化，主要催化剂均实现国产化。为适应现代煤化工生产特点及企业需要，国内企业不断加强攻关、打破国外公司垄断，研制开发的关键泵阀等目前均已实现国产化，突破了制约现代煤化工生产技术发展的关键设备瓶颈问题。三是煤化工主要泵阀、大型反应器等关键设备实现国产化。目前我国已具备 6 万立方米每小时大型空分装置生产技术，完全可以满足现代煤化工气化装置对氧气或富氧空气的需求。每年 180 万吨甲醇进料的反应器已实现国产化，其最大直径达到 16.7 米。四是煤化工"三废"处理技术研究开发及应用取得长足进步，基本实现近零排放。现代煤化工产业的发展也存在诸如资源消耗量大，尤其是水资源消耗量大，以及装置投资高、"三废"处理难度大、处理成本高、二氧化碳排放量大等瓶颈问题，尤其是近几年来国际原油价格大幅下跌对现代煤化工企业效益增长形成严重制约。煤化工的发展对我国增强能源自主保障能力、推动煤炭清洁高效利用、促进中西部地区发展具有重大意义，是对能源安全、高效、清洁、低碳发展方式的有益探索。

二、石油

1. 石油消费现状

根据 2018 版《BP 世界能源统计年鉴》，2017 年我国石油消费 6.08 亿吨油当量，同比增长 3.6%，占能源消费比例稳定在 17%~20%。预计未来我国经济增速放缓、新能源汽车快速发展将导致成品油需求放缓，化工原料需求快速增长成为推动石油需求增长的主要动力。预计到2030年我国石油消费量将达到7.3亿吨，2018—2030年平均增速为1.5%，占一次能源消费比例微降至19.2%，石油进口依存度接近70%。加大国内勘探开发、建设石油战略储备、进口来源多元化是保障能源安全的重要议题[①]。

2. 石油清洁利用发展趋势

油品质量从国Ⅳ升级到国Ⅴ，主要难度体现在硫含量从50微克/克降低到10微克/克，通过汽柴油加氢脱硫或吸附脱硫等方式可以有效解决。我国已经如期在2017年1月1日全面实施国Ⅴ标准。而油品质量从国Ⅴ到国Ⅵ，主要难点是要确保汽油在降烯烃的同时保持辛烷值不变，还要充分考虑到柴油汽油比例降低、汽油需求不断增长的趋势。重点是要突破大型烷基化成套技术，加快相关成套技术的攻关。同时以催化汽油为重点，通过催化裂化技术进步，提高汽油产率、降低烯烃产率、提升辛烷值、增产丙烯，通过催化轻汽油中烯烃异构化、醚化，实现在降低烯烃产率的同时提升辛烷值。此外要加强炼化一体化优化，通过加氢裂化、催化重整等优化措施，增产高辛烷值汽油组分和低成本乙烯原料、芳烃原料。

降低柴汽比最重要的途径是优化炼油装置，改进生产工艺，降低柴油产量并提高汽油产量，达到有针对性地降低生产柴汽比。此外，还可以通过增加柴油出口来释放柴油过剩产能，并在国家层面利用油品价格杠杆逐步调低生产柴汽比。

在汽车节能方面，可按照规范使用和维护发动机，改变汽油机燃烧方式以提高能量转换效率。应大力发展混合动力汽车技术，高效汽油机、柴油机技术，高效载重汽车及发动机技术，轿车、轻型车的柴油发动机技术等先进的节能技术。此外，公路与交通设施的合理配套、车型及油品按需生产配置和合理运营等，都将极大地降低汽车的能耗。

---

① 2018版《BP世界能源统计年鉴》，https://www.bp.com/content/dam/bp-country/zh_cn/Publications/2018SRbook.pdf.

三、天然气

1. 天然气消费现状

2014年,我国天然气表观消费量1 868.9亿立方米,其中包括国产气1 301.6亿立方米,进口天然气591.3亿立方米,出口天然气26.1亿立方米。从天然气消费结构看,工业天然气消费总量1 221.3亿立方米,占消费总量的65%;生活消费天然气总量342.6亿立方米,占比18%;交通运输、仓储和邮政业天然气消费总量214.4亿立方米,占比11%;批发零售及住宿、餐饮业天然气消费46.6亿立方米,占比2.5%;其他行业消费44亿立方米,占比2.4%。

"十三五"期间,我国碳减排与大气污染防治力度加大、城镇化发展加快,天然气消费需求仍将逐年增长。预计至2020年我国天然气消费量将达到2 900亿立方米,2030年天然气消费量将达到4 800亿立方米。我国天然气消费量占能源消费总量的比重将由2015年的5%增加到2030年的12%。分行业看,采掘业用气将筑顶回落,制造业用气继续增长并以煤改气为主,发电供热用气市场潜力巨大,未来可能大幅增长,交通用气增长主要来自压缩天然气(CNG)汽车和液化天然气(LNG)汽车,居民生活用气则将保持刚性增长[①]。

2. 天然气清洁利用发展趋势

到2020年,我国天然气汽车的保有量有望达到1 050万~1 100万辆,其中液化天然气汽车的保有量将达到40万~50万辆,占当年全国汽车保有量的5%以上,液化天然气加注站将达4 500~5 000座。从经济上来说,由于天然气价格比原油低,天然气相对汽油、柴油具有明显的优势。低油价背景下,天然气作为交通燃料在运营费用上仍低于汽油、柴油。相对于电动汽车等其他新能源汽车,天然气汽车在整车技术成熟度、续航里程、安全性、冷启动

---

① 林卫斌. 能源数据简明手册2016 [M]. 北京:经济管理出版社,2016.

等方面表现更加出色。一方面,以城市出租车和家用轿车为代表的小型乘用车易于"油改气",运营成本也较低。压缩天然气出租车的燃料成本仅为汽油车的45%,每天燃料成本节省85元,按年运营时间350天计算,每年可以节省燃料成本接近3万元。另一方面,以大货车和城市公交车为代表的液化天然气汽车,续航里程长,适合重负荷的长途运输或商业运营。以液化天然气重卡为例,以一年行驶里程为15万千米计算,一年可节约燃料费用近14万元,不到一年即可收回天然气设备初次购置成本。

目前我国天然气发电尚存在一些问题需要解决,国内主要燃气发电装备制造企业与国外企业合作中在关键技术方面存在壁垒,制约了燃气发电产业发展。目前普遍看好的分布式和非常规天然气发电还处于起步示范阶段,关键零部件制造、系统集成还不够成熟,有关组织设计、施工安装、运行维护和安全管理等工作需要不断总结提高。推动天然气发电的持续健康发展,首先要加大技术创新,全面掌握天然气发电装备制造等核心自主技术[①]。

第二节 可再生能源的规模化开发

进入21世纪以来,全球人口经济持续增长、新兴国家快速崛起,世界能源需求增长强劲,绿色低碳、可持续发展成为人类文明持续繁荣的科学理性选择。人类正在走向以可再生能源为主的绿色低碳、可持续能源时代。未来二三十年,将是能源生产消费方式和能源结构调整变革的关键时期,风、光、生物质、地热、海洋等可再生能源将快速增长,至2035年形成天然气、石油、煤炭、核能、可再生能源为五大支柱的新格局。

根据国际能源机构(IEA)发布的《世界能源展望2015》,2014年可再生能源的增加量达到了创纪录的130吉瓦,到2040年预计电力的主导能源系统将发生变换。在持续的政策支持下,全球可再生能源约在2030年超越煤炭

---

① 胡徐腾. 我国化石能源清洁利用前景展望[J]. 化工进展, 2017, 36(9).

成为最大的电力来源,可再生能源发电量在2040年将占全球新增发电量的一半,其中,风电占比最大,其次是水电和光伏发电。

尽管世界各能源组织对未来能源增长和结构调整的预测数据各有不同,但大趋势一致。能源消费增长主要来自新兴经济体,供给增长主要来自风能、太阳能等可再生能源和页岩气等非常规天然气,煤炭在一次能源中的比重将显著下降。2050年清洁、可再生能源所占的比重将达到65%,至21世纪末将达到80%以上。页岩气、天然气水合物等非常规能源将继续高效开发利用,但油、气燃料在一次能源中的地位将逐步被可再生能源转化而来的氢能代替,21世纪中叶人类将迎来清洁、可再生能源时代。未来的10~15年,我国将是可再生能源发电总量增幅最大的国家,增长量可能超过欧盟、美国和日本增量之和。

一、太阳能

除核能、深部地热能外,地球上人类利用的无论是煤、石油、天然气、页岩气、天然气水合物等常规或非常规化石能源,还是水能、风能、生物质能、浅表地热能、海洋能(波浪、潮汐、洋流、温差能)等可再生能源,归根结底都源自太阳能。

根据天文观测和恒星理论,太阳是宇宙星际气体收缩形成的恒星,在其中心区域持续发生着由4个氢原子核聚变为1个氦原子核的热核反应,每秒约有$7.75×10^{10}$千克氢聚变转化,释放出$3.83×10^{26}$焦能量,减少自身质量$4×10^9$千克。太阳形成至今已有45亿~50亿年,正处于稳定的中年期,其稳定寿命至少还有50亿年。太阳距地球约1.5亿千米,太阳光辐射抵达地球需近500秒。太阳的总辐射能量抵达地球的仅为22亿分之一,每秒释放相当于500多万吨煤燃烧的热量,每年释放相当于170万亿吨燃煤的热量,约为世界年耗能的1万倍。因此,对人类而言,太阳是取之不尽的光和热的源头。由于太阳自身活动、地球公转和自转、纬度、地形、海拔、云量和大气质量等差异,太阳到达地球表面的辐射强度时空分布不均衡。北非撒哈拉沙漠、澳大利亚中部高原、中国青藏高原等地区每平方米年辐射量是南北极地区的 2.5 倍以上。

中国太阳能资源丰富，各地年辐射量为 3 340~8 400 兆焦每平方米。可分为四类资源区：一类为太阳能资源丰富区，全年日照为 3 200~3 300 小时，年辐射量大于 6 300 兆焦每平方米（相当于 215 千克标准煤燃烧的热量），主要包括甘肃西部、宁夏、新疆南部、青海和西藏西部等地。以西藏西部为最高，全年日照达 2 900~3 400 小时，年辐射量 7 000~8 000 兆焦每平方米，仅次于撒哈拉沙漠。二类为太阳能资源较丰富区，全年日照为 3 000~3 200 小时，年辐射量 5 400~6 300 兆焦每平方米（相当于 185~215 千克标准煤燃烧的热量），主要包括新疆北部、内蒙古南部、晋冀北部、京津、西藏东南部。三类为太阳能资源中等区，全年日照为 1 400~3 000 小时，年辐射量为 4 600~5 400 兆焦每平方米（相当于 157~185 千克标准煤燃烧的热量），主要包括东北、陕北、甘肃东部边缘、晋豫冀鲁东南部、苏浙皖赣闽、两湖、两广、云南、海南和台湾等广大地区。四类是太阳能资源较差地区，全年日照为 1 000~1 400 小时，年辐射量低于 4 600 兆焦每平方米（不足 157 千克标准煤燃烧的热量），主要包括渝川贵等地，但也相当于欧洲多数地区。中国地表年辐射总量约为 5×10^{16} 兆焦，相当于 17 060 亿吨标准煤燃烧的热值，约为 2013 年中国一次能耗的 350 倍。

中国一、二、三类太阳能资源区约占国土面积的 2/3，既有西部大片荒漠，适合建造规模太阳能电站的一类光照地区，又有地处人口和负荷密集的中东部二、三类光照地区，可发展分布式太阳能光电、光热利用。随着大气污染治理取得成效，各地单位面积的年辐射量将会有所上升。中国太阳能开发利用有十分广阔的前景。

中国光伏产业技术水平进一步提升，产品成本将持续下降，国际竞争力不断增强，核心技术不断取得突破，生产工艺持续优化，过去 10 年转化效率以年均 0.5% 的速度递增，规模生产稳定性逐步提高。目前，中国单晶和多晶硅电池产业化转化效率已分别达到 18.5% 和 17.3%，一线光伏企业已分别达到20%、18%以上。薄膜电池（硅基、碲化镉、砷化镓等）的转换效率达到6%~8%，有望以年均1%~1.5%的速率提升，5年内有望达16%~18%，其功率衰退问题已得到解决。薄膜电池质量轻、材料消耗少、弱光转化率高，在阴天也能发电，因而受到重视。多结化合物太阳能电池（磷化镓铟、砷化镓、砷化锗）光电转换效率可达41%，理论极限可达至70%，聚光光热转换效率可达80%。

2013年中国新增光伏装机达12吉瓦，同比增长232%，接近欧盟新增光伏装机总量。到2020年我国光伏装机容量将达到30吉瓦，占发电装机总量的1.83%。2030年将达100~200吉瓦，将占发电装机总量的4.3%~8.6%。

太阳能热水器为提高人民生活质量，替代煤电消费、节能减排做出了贡献。随着中高温太阳能热水器的开发以及太阳能与建筑一体化技术日益完善，太阳能热水器不再局限于提供热水，正逐步向取暖、制冷、烘干和工业应用拓展，市场潜力巨大。人们已开始致力研发光伏、光热融合组件，不但能使太阳能转换利用总效率达到80%以上，而且能更好地满足用户对电、热（冷）能利用的综合需求，在分布式太阳能应用领域发展潜力巨大。

二、风能

风是由于地面各处受太阳辐照后气温变化和水蒸气含量不同造成气压差异而引起空气流动的自然现象，是太阳能转化而来的空气动能。其资源量取决于风能密度和可利用的年累计时数。风能密度是指单位迎风面积的风能功率，它与风速的三次方和空气密度成正比。据估计到达地球的太阳能中大约只有2%转化为风能，但总量仍十分可观。全球的风能资源约为2.74万亿千瓦，其中可利用资源为200亿千瓦，约是全球可开发水力资源的10倍。中国风能资源理论储量32.26亿千瓦，陆上可开发资源2.53亿千瓦，近海可利用风能7.5亿千瓦，约为我国可开发水力资源的2倍。

风能资源密度低，风向和强度随时间变化，受地理地形影响较大，分布也很不匀衡。风能资源多集中在沿海和开阔大陆的收缩地带，如美国阿拉斯加州、美国加利福尼亚州北部沿岸、北欧、俄罗斯东部沿海、澳大利亚和阿根廷南部沿海等。

中国内蒙古、新疆和甘肃以及华北、东北地区风能资源也很丰富，东南沿海、海南和台湾地区的风力资源也很具开发潜力。东南沿海及附近岛屿的风能密度可达300瓦每平方米以上，3~20米/秒风速年累计时数超过6 000小时。内陆风能资源最好的是内蒙古至新疆一带，风能密度也在200~300瓦每平方米，3~20米/秒风速年累计达5 000~6 000小时。

风力发电是当前成本相对最低、技术相对成熟且最具规模化发展潜力的可再生能源利用方式。尤其是在当前治理雾霾和减排温室气体的严峻形势下，中国能源结构调整需要提速，风能等可再生能源的发展目标需要重新评估和提高，才有可能在替代化石能源进程中发挥更大作用。风电技术发展已由传统双馈型风机逐步转向直流驱动型，采用可调叶片和新型复合材料叶片等，为适应海上风电需要，单机功率更大，由1.5~4兆瓦增至6~8兆瓦。风力发电产品质量可靠，发电成本稳中有降，已低于油电与核电，接近煤电。

在快速发展陆上风电的同时，中国海上风电也取得了突破性进展，未来15年中国风能仍将以年均新增装机18~20吉瓦的速度发展，到2020年可望实现总装机量200~320吉瓦。但由于技术与体制原因，2009年以来有大量风能装机因不能并网而弃风，在采取了政策和技术措施后，弃风现象已逐年改善，但形势依然严峻。

三、水能、生物质能等其他能源

水能包括转化利用水的势能和动能，也是由太阳能转化而来。水力资源分布受水文、气候、地貌等条件限制。广义水能资源包括河流水能及潮汐、波浪、洋流能等；狭义水能资源指开发利用最为成熟的河流水能。全球理论水能资源蕴藏量为6.8亿千瓦，每年可开发提供41.3万亿千瓦时电能，其中可开发水能资源为11.75万亿千瓦时。

中国地势西高东低，多数地处东亚季风带，雨量充沛，河流纵横、落差巨大，水能资源丰富，年可发电量为2.47万亿千瓦时，居世界首位。但中国人均水力资源并不富裕，时空分布也不均衡，多集中在中西部，与负荷需求不相匹配。经济相对落后的云贵川渝桂、陕甘宁青藏新等省份约占全国水力资源总量的82.5%，特别是云贵川藏渝地区占70%；其次是蒙晋豫、鄂湘皖赣等省区占10%；而经济发达、用电负荷集中的东北地区和中东部京津冀鲁、苏浙沪粤闽琼等省市仅占7.5%。由于季风气候特点，多数河流年内、年际径流分布不均，丰枯季节径流量悬殊，需建水库调节。

中国不但是世界水电装机第一大国，也是世界上水电在建规模最大、发展速度最快的国家。中国已全面掌握80万~100万千瓦等级水力发电机组和千万千瓦等级超大水电站工程建设先进技术。未来应依据国家、区域经济社会和电力发展规划，在扎实做好待建水电站的水文、地质、生态、选址、移民等综合评估和科学论证的基础上，加快西部大中型水电站建设、中东部中小型水电站和抽水蓄能电站建设。到2020年，全国水电总装机容量可达4.2亿千瓦，其中常规水电装机容量为3.5亿千瓦，抽水蓄能电站装机容量达7 000万千瓦，水力资源开发率达80%。

生物质能源是太阳能经光合作用转化为化学能形式储存在生物质中的能量。生物质能源具有多样性、低污染、分布广、可再生等特点，除了直接燃烧外，生物质还可以通过多种技术途径转化为固体、液体、气体燃料。生物质在使用过程中几乎不产生二氧化硫，燃烧产生的二氧化碳仅相当于其光合作用时所吸收的二氧化碳。因此可认为，生物质能的碳排放增量为零，是一种清洁低碳、可再生的替代能源。广义的生物质包括所有的植物、微生物和以植物、微生物为食物的动物及其生产的废弃物，如农作物、农林业废弃物、人畜粪便、工业有机废水、城乡餐厨垃圾等。地球上每年经光合作用产生的物质有2×10^{11}吨，其蕴含的能量相当于世界年消耗能源量的10~20倍，但目前的利用率不到3%。据世界自然基金会预计，全球生物质能源潜在可利用量约合82.12亿吨油当量，相当于2013年全球能源消耗量的64%。

当前在世界能源消耗中，生物质能约占总能耗的14%，在发展中国家可占35%以上。美国、巴西等国生物质能源利用已具相当规模，2013年美国生物质能源占一次能源消费的比例已超过4%。巴西生物源乙醇燃料已占该国汽车燃料的50%以上。世界自然基金会2011年发布的能源报告认为，到2050年全球有60%的工业燃料和工业供热都将采用生物质能源。

中国生物质能资源丰富，现阶段可开发利用的资源主要为生物质废弃物，包括农林业废弃物、禽畜人粪便、工业有机废弃物、城市固体有机垃圾、工业有机废水、餐厨废弃物和城乡生活污水等。生物质能源传统技术也比较成熟，到2020年，中国生物质发电总装机容量将达到3 000万千瓦，生物质固体成型燃料年利用量将达到5 000万吨，3亿农村居民生活燃气主要使用沼气，年利用量将达到440亿立方米，生物燃料乙醇年利用量将达到1 000万吨，生物柴油年利用量将达到200万吨。预计2050年中国生物质发电量可达到5 900亿千瓦时，占当年能源需求总量的4%以上；生物燃油将替代30%的石油消费。

第三节　新能源与可再生能源分布式利用

人类社会正在逐步向以可再生能源为主的绿色低碳、可持续能源时代过渡。大力发展分布式可再生能源是能源革命的重要内容，对于推进我国能源结构转型，保障能源自主安全具有重要的战略意义。它将促进上万亿新兴产业发展，推动产业结构调整。分布式可再生能源有利于促进城乡新型能源体系发展，推进新型城镇化和新农村建设；有利于改善大气质量，保护与修复生态环境。

分布式可再生能源利用将可再生能源系统建在用户附近，一次能源以可再生能源为主，二次能源以分布在用户端的冷、热、电联产为主，将电力、热力、制冷同蓄能技术结合，满足用户多种需求，实现能源梯级利用。分布式可再生能源技术包括太阳能光伏发电、太阳能热发电、太阳能热利用，以及风能、生物质能、地热能利用等。它将可再生能源的生产和消费结合在一起，生产的电力首先满足本地用户的需要，富余部分通过智能电网提供给邻近用户。它可将多种能源资源和用户需求进行优化整合，实现资源利用最大化。

一、分布式可再生能源的资源潜力

可再生能源具有清洁、自然再生、广域分布、能量密度低、间歇性等特点，从本质上具有明显的分布式能源的特征。

我国地域广阔，可再生能源资源总量巨大。陆地水平面平均太阳辐照度约为175瓦每平方米，高于全球平均水平，太阳总辐射资源"丰富区"及"很丰富区"以上占全国陆地面积的96.3%，绝大部分地区适合利用太阳能。我国陆地50米、70米、100米高度层年均风功率密度达300瓦每平方米以上的风能资源技术可开发量分别为20亿千瓦、26亿千瓦和34亿千瓦，可开发量满足国家大规模开发风电的需要。作为农业大国，我国生物质资源丰富。

对于分布式可再生能源利用而言，可利用的土地和建筑屋顶或墙面也是重要资源条件。预计2020年分布式建筑光伏最大可装机容量达7.5亿千瓦，2050年达10亿千瓦。我国12%的国土面积为不能用于耕作的沙漠、戈壁和滩涂，有充足的土地资源发展太阳能发电。

二、分布式可再生能源的技术水平现状

目前主要可再生能源利用技术已趋成熟，成本快速下降。在可预见的将来，可再生能源的技术和经济性都将达到与常规能源相当的水平，在世界范围内可再生能源利用的快速发展已成为现实。

中国光伏技术研发水平不断提高，个别技术研究水平进入世界先进行列。我国部分企业的高效光伏电池和组件技术达到国际先进水平。国内光伏电池组件价格从2007年的36元/瓦下降至当前的4.2元/瓦，整体系统的价格也从60元/瓦降至8元/瓦。2014年，我国太阳能光伏组件产量为35.6吉瓦，约占全球总产量的71%，居世界第一，中国光伏产业规模在世界上已形成绝对优势。

小型风电的发展与技术日臻完善，使用的领域逐渐扩大。目前用于分布式风力发电的主要是中小型风机，我国先后建设了若干中小风机为主的微网发电示范项目。近年来各地也开展了一些利用兆瓦级大风机的分布式风力发电和微网试验及示范。

我国太阳能中低温热利用产业完整，产品市场化程度高，2013年太阳能集热器的总安装使用量达到3.1亿平方米，年产量和安装量均居世界首位。除了供应民用热水外，在采暖、空调、纺织、印染、造纸、海水淡化等建筑和工业领域的太阳能中低温热利用也有很大的市场潜力。在工农业领域以及生活用能领域，太阳能中高温热利用技术和太阳能制冷空调技术处于研发示范阶段，这些技术适用于广大中小城镇和农村冷热能源的应用，以及边远地区工农业热能的应用，发展前景广阔。

生物质能源分布式利用的主要途径是供热和供电。目前，我国的生物质能产业主要有沼气、生物质发电、燃料乙醇、生物柴油和成型颗粒。

我国地热资源的利用已经形成以取暖、水产养殖、浴疗、农业和医药等直接利用方式和以发电为主的地热资源综合开发利用技术体系。随着地源热泵技术的发展，浅层地热能利用是目前我国地热能开发应用的主要方式。

太阳能与多种其他可再生能源的结合具有良好的互补性，可以提升能源密度，提高运行效率，可在一定程度上弥补单一可再生能源的间歇性和不稳定性缺陷。太阳能与常规化石能源发电系统互补，可以降低对太阳能高温集热、蓄热技术的依赖，可有效解决太阳能不稳定的问题，降低开发利用太阳能的技术和经济风险，提高利用效率，是现阶段太阳能热发电规模利用的可行途径。

太阳能与建筑结合是分布式可再生能源应用的重要方向，目前主要是太阳能热水器以及光伏发电与建筑的结合。我国拥有世界最大量的建筑，同时又是全世界最大的太阳能热水器和光伏发电组件生产国，太阳能与建筑结合及一体化，可充分利用建筑以及太阳能资源，降低成本，带动建材产业转型，具有规模发展的广阔前景。

三、分布式可再生能源的未来技术选择

近年来可再生能源技术发展迅速，但要实现与常规能源竞争，在能源消费结构中占据主要地位，无论是性能上还是成本控制上都还需要进一步发展。随着新理论、新材料、新技术的不断出现，未来10年可再生能源技术在若干领域将会有新的突破和进展，通过降低成本，提高材料、器件和系统能效，使分布式可再生能源技术获得更大创新发展空间和潜力。

1. 可再生能源发电与热利用技术

光伏技术方面，晶体硅电池、薄膜电池可能长期并存，全光谱吸收电池等新型电池技术有望进一步提高光伏电池效率、减少材料用量、降低成本。风电技术方面，在较低的单机造价条件下实现系统安全性、可靠性以及适应性，并且在较宽风速范围、不稳定自然风况下可靠运行，技术挑战和发展潜力很大。分布式太阳能热发电方面，冬季向用户供热、夏季供冷以及全年提供卫生热水，通过能量梯级利用形成一体化多联供能源系统。生物质能利用方面，大中型沼气工程、秸秆燃料锅炉燃烧应用技术、小规模生物质气化及利用技术、生物质热解技术等领域，我国与欧、美、日等相比还有较大差距。

2. 可再生能源-建筑集成一体化技术

分布式可再生能源在建筑用能中的技术创新重点在于材料、构件、能源系统与节能建筑设计集成等。材料方面，将重点发展新型透光、光控、保温、储热等建筑材料，强化与建筑功能、材料、结构、美学设计相互结合。建筑构件方面，主要发展新型太阳能光伏、光热一体化建筑构件，包括被动式太阳能建筑在内的构件化、模组化建筑太阳能利用技术。能源系统与节能建筑方面，主要发展光伏、光热技术，实现冷热电及热水联供。太阳能建筑一体化技术与墙体节能、屋面保温隔热等建筑节能技术和能源智能管理有机结合，提高建筑综合能效。

3. 分布式可再生能源热利用与综合利用技术

面向工业供热和发电的太阳能锅炉技术可利用太阳能获得80~250℃的热

能。风能热泵供热技术直接将风能转化为机械能,驱动压缩式热泵实现供热,在寒冷多风地区具有应用前景。太阳能和土壤热互补利用,既可利用太阳能提升地源热泵运行效率,又可通过地下埋管换热器把土壤作为补偿太阳能间歇性的储能措施。太阳能与生物质互补利用,可实现我国农村地区采暖期能源互补供热、发电,并提供生活热水。太阳能和化石燃料通过热互补和热化学互补,可实现太阳能重整甲烷−燃气蒸汽复合热发电系统、中低温太阳能驱动替代燃料裂解发电系统等新型系统,实现太阳热和替代燃料的共同高效利用。

4. 分布式储能技术

分布式储能技术将有效提高可再生能源并网规模,并在未来智能电网中提供电网备用、电能质量调节等重要辅助服务。功率型储能提供数秒到数分钟的高功率支撑,能量型储能则提供数分钟到几小时的能量支撑,两者综合使用更具经济性。在热电联供系统中,储热设施成为一种有效的储能措施,通过供电、供热的交互作用,提高系统灵活性和综合能效。插电式电动车和混合动力车的大规模推广应用提供了一种新的分布式储能方案,通过大量车载电池的合理有序充放电、参与电网调节,使电网获得辅助调节设施。在含分布式发电、储能、可控负荷的特定配电网中,借助先进控制、计量、通信技术可聚合形成"虚拟电厂",实现优化协调运行。

5. 智能微网技术

用于集成多类型分布式电源和负荷以及储能单元的微网技术,旨在实现中低压层面上分布式能源的灵活、高效应用,解决数量庞大、形式多样的分布式能源并网带来的各种问题,是实现各种分布式能源安全可靠接入电力系统的最具发展潜力的新技术。多项微网技术示范已展示了其在分布式能源接入电网方面的作用与效果。未来微网、分布式能源、信息技术将进一步融合,主要包含三个方面:信息与计算嵌入微网能源、微网能源融入广域信息网络以及基于信息的微网智能化。借助物联网、云计算、数据挖掘等新技术,灵活地整合、管理、调度分布式能源,实现基于微网的分布式供能的智能化。

随着电力电子技术的进步，基于直流的新型供电方式也逐渐成为可能，多端直流系统、交直流混合系统等将带来微网系统结构创新与突破。微网的智能化和灵活的系统结构，将为分布式可再生能源安全可靠接入和配送、高效转换和利用、优化调节供需平衡等奠定坚实的基础，有效解决大规模分布式可再生能源的接入和消纳问题。

第四节　新能源汽车

新能源汽车是指采用非常规的车用燃料作为动力来源（或使用常规的车用燃料但采用新型车载动力装置），综合车辆的动力控制和驱动方面的先进技术，形成的技术原理先进、具有新技术和新结构的汽车。

一、新能源汽车的类型

1. 纯电动汽车

纯电动汽车是以车载电源为动力，以电动机为单一驱动源的汽车。纯电动汽车的电力系统主要由动力电池、驱动电机和电驱控制器等部件组成。由于纯电动汽车没有发动机、多齿比变速箱，使用价格较低的电力作为动力源，与传统燃油车相比具有使用成本低、驾乘体验舒适、后期保养便捷等明显优势，缺点是续航里程短、充电时间长，主要适用于市区内通勤。2016 年，全球纯电动汽车销量达到 49.28 万辆，占到了新能源汽车总销量的 64%，纯电动汽车已经成为新能源汽车销量的绝对主力，在新能源汽车的推广过程中发挥着不可替代的作用，是新能源汽车未来的主要发展方向。

2. 插电式混合动力汽车

插电式混合动力汽车在传统燃油车的基础上加装一套电力驱动系统。插电式混合动力汽车的电力驱动系统与纯电动汽车完全相同，由于在相同体积的燃油车内同时存在燃油驱动系统和电力驱动系统，电池容量比纯电动汽车小，发动机性能比燃油车弱，但可以将两套驱动系统组合叠加使用，以达到更高的性能和更长的续航，也可以单独使用电力驱动系统，以达到节能效果，缺点是由于存在两套驱动系统，结构比燃油车和纯电动汽车更复杂，增加了车辆自重，在亏电状态下油耗高、驾乘体验差。插电式混合动力汽车很好地解决了纯电动汽车续航短的问题，可以用于远距离出行，同时因为有发动机，在充电时间过长的情况下可以使用汽油代替，大大缩短了能源补给时间，是在现阶段纯电动汽车技术瓶颈时期的理想过渡车型。插电式混合动力汽车在相当长的时间里仍然会成为新能源汽车推广过程中不可或缺的重要力量。

3. 常规混合动力汽车

常规混合动力汽车同样拥有燃油和电力两套驱动系统，但没有配备充电口，不能外接电源充电，主要是通过发动机驱动发电机发电，与插电式混合动力汽车一样，可以使用单独燃油或电力驱动系统，也可以将两套驱动系统组合使用。常规混合动力汽车不需要外接电源，充电便捷，油耗显著低于传统燃油车，在新能源汽车发展初期发挥了重要作用，但由于无法单独脱离发动机使用，节能效果一般，同时随着充电设施的逐步完善和更加节能的插电式混合动力汽车的快速发展，常规混合动力汽车发展缓慢，加之目前部分国家和地区把此类车界定为传统燃油车，没有优惠政策和资金补贴，使常规混合动力汽车处境艰难。

4. 其他新能源汽车

其他新能源汽车包括增程式电动车、氢燃料汽车、太阳能汽车等，这些汽车因为技术和推广方面的原因，适用范围窄，某些车型甚至尚处于试验阶段，没有投放市场，占新能源汽车整体规模的比例很低。

二、新能源汽车技术发展趋势

新能源汽车在性能、节能、驾乘体验等诸多方面具有显著优势，产业发展十分迅速，在短短的数年时间里已经在汽车整体市场中占有了自己的一席之地，但是从整体占比上看依然较低。同时，新能源汽车企业目前在电池续航、成本控制、结构设计等技术领域遇到了发展瓶颈，正在试图研究创新，寻求技术上的突破，一旦成功地解决了目前的发展困境，新能源汽车产业会迎来更加快速的发展。新能源汽车未来的发展方向主要包括以下几方面。

1. 动力电池技术

动力电池的主要功能是储存电能，传输给电动机，转化为动能，从而驱动车辆行驶，是新能源汽车的能量和动力来源。在生产成本方面，动力电池的造价一般会占到整车造价的1/3甚至是一半，是新能源汽车最重要和成本最高的核心组成部分。动力电池的技术水平和产品质量往往决定了新能源汽车整车的技术水平和产品质量，电池的能量密度、使用寿命、安全保障等方面很大程度上决定了消费者对新能源汽车的购买意愿。

全固态锂电池是指结构中不含液体，所有材料都以固态形式存在的储能器件。具体来说，它是由正极材料、负极材料和电解质组成。固态电池的电解质为固态，电池容量得到了极大提升。同样的电量，固态电池的能量密度更高，体积将变得更小。纯电动汽车目前的续航里程普遍在300~500千米。相同体积的固态电池的能量密度在400瓦时/千克左右，最高可达600瓦时/千克，是目前动力电池能量密度的4~5倍，意味着电量将以相同的倍数增加，续航里程比之前大幅度提升，预计会是目前续航里程的数倍甚至10倍，将达到上千甚至是数千千米。届时"里程焦虑"的困扰将会大大缓解，新能源汽车的续航里程也会大幅度超越燃油车，实现更远距离的行驶，从根本上解决目前阻碍新能源汽车发展的续航里程短的问题。

新闻链接

我国新能源汽车保有量超过160万辆

2018年3月10日，科技部部长万钢在十三届全国人民代表大会一次会议记者会上介绍，截至2017年，我国电动汽车、新能源汽车销售量已达到77万辆，保有量超过160万辆，占世界的一半。

我国从2001年开始实施重大科技专项，对电动汽车的发展，特别是电池、电动机、电控等关键核心技术展开研究。10年以后，将开始启动大规模推广。

"现在世界范围内，从传统汽车逐步向电动汽车发展，已经成为一个趋势。"万钢说，"中国的电动汽车发展是世界电动汽车转型升级的一个重要环节，所以，我们欢迎各国的电动汽车都到中国市场来，使我们都能够享受到多样化的产品和多样化的服务。"

氢燃料电池是使用氢元素储存能量的电池，其基本原理是电解水的逆反应，把氢和氧分别供给阳极和阴极，氢通过阳极向外扩散，与电解质发生反应后，放出的电子通过外部的负载到达阴极。氢燃料电池只会产生水和热，完全清洁排放，实现了真正的零污染。此外，氢燃料电池续航里程较长，补给燃料时间较短，一般充满氢仅需3~5分钟，相较于插电式电池充电时间大幅度缩短，可以节省更多时间，这些优势使氢燃料电池非常适合长距离、长时间行驶的新能源汽车。

目前氢燃料电池已经开始在客车、专用车等车型上应用，在商用车上的应用前景十分广阔，全球主要的客车和乘用车企业包括宇通客车、上汽集团、丰田汽车、现代汽车等都在积极研发氢燃料电池。但由于氢燃料获取成本高，同时需要有专用的加氢站，占地面积大，无法在停车场安装加氢设备，易用性方面与插电式汽车有较大差距。

新闻链接

我国科学家研制新型催化剂攻克氢燃料电池汽车关键技术难题

根据新华社2019年1月31日报道，中国科学技术大学路军岭教授、韦世强教授、杨金龙教授等课题组合作，近期研制出一种新型催化剂，攻克了氢燃料电池汽车推广应用的关键难题，解除了氢燃料电池一氧化碳"中毒休克"危机，延长了电池寿命，拓宽了电池使用温度环境，在寒冬也能正常启动。该研究使氢能源汽车有望民用推广，国际学术期刊《自然》1月31日发表了该成果。

氢气被认为是未来最有前途的清洁能源之一。但氢燃料电池的发展面临许多挑战,其中一个关键难题是燃料电池铂电极的一氧化碳"中毒"问题。作为氢燃料电池汽车的"心脏",燃料电池铂电极容易被一氧化碳杂质气体"毒害",导致电池性能下降和寿命缩短,严重阻碍氢燃料电池汽车的推广。

近期,中科大研究团队设计出一种原子级分散于铂表面的氢氧化铁新型催化剂,该催化剂能够在零下75℃至零上107℃的温度范围内,100%选择性地高效去除氢燃料中的微量一氧化碳。该新型催化材料可以为氢燃料电池在频繁冷启动和连续运行期间提供全时保护,避免氢燃料电池受一氧化碳"中毒"。

路军岭介绍,他们的最终目标是开发一种廉价的且具有高活性、高选择性的一氧化碳优先氧化催化剂,既可以提供机载燃料电池的全时保护,也可以为工厂高纯氢气制备提供有效手段。

2. 电动机技术

轮毂电动机技术是未来新能源汽车电动机技术的主要发展方向。轮毂电动机技术就是将集成了减速器的电动机总成直接布置在轮毂中,由4个轮边电动机直接驱动4个车轮。轮毂电动机技术并非新生事物,早在1900年,就已经制造出了前轮装备轮毂电动机的电动汽车,在20世纪70年代,这一技术在矿山运输车等领域得到应用。随着20世纪60年代石油的大规模开采和发动机技术的飞跃式发展,同时电池技术停滞不前,燃油车在此后的数十年间占据了汽车的绝对主导地位,而随着近年来新能源汽车的重新崛起,轮毂电动机技术再一次成为电动机技术的发展方向。

轮毂电动机将电动车辆的机械部分大为简化,重量大大减轻,提高了车身的空间利用率,电动机直接将动力传输到轮毂,在传动过程中几乎无损耗,车辆性能得以完全发挥,同时轮毂电动机具备单个车轮独立驱动的特性,因此无论是前驱、后驱还是四驱形式,它都可以比较轻松地实现,全时四驱在轮毂电动机驱动的车辆上实现起来非常容易，这些优势都是传动电动机不可比拟的。当然，现阶段轮毂电动机需要在空间较小的轮毂布置，结构较为复杂，技术难度高，需要较长时间的研发来实现技术的普及。

3. 自动驾驶技术

自动驾驶技术是采用先进的通信、计算机、网络和控制技术，对汽车实现实时、连续控制。自动驾驶国际自动机工程师学会按智能化程度将自动驾驶分为 L0 至 L5 六个等级，依次为人工辅助、辅助驾驶、半自动驾驶、高度自动驾驶、超高度自动驾驶和全自动驾驶，人工辅助为 L0 最初级，全自动驾驶为 L5 最高级即自动驾驶的终极形态。在 L5 等级下，驾驶可以在没有驾驶员的情况下完全交由机器完成，应对当前所有工况，并不断进行学习改进，适应新的工况。自动驾驶技术的核心是自动驾驶芯片，通过芯片处理各种路况，将信号传输给车辆控制系统，从而实现自动驾驶。目前，英特尔、高通、英伟达等芯片厂商正在积极研发自动驾驶芯片，而百度、谷歌等互联网公司也在积极研发自动驾驶系统，以适应更多的车型。车企方面，奥迪、特斯拉、蔚来等厂商的自动驾驶汽车已经量产并上市，但由于目前量产车的最高自动驾驶等级是 L3，在实际使用过程中，仍然只能起到辅助驾驶的作用，并且偶尔会出现故障和问题。虽然目前自动驾驶汽车所占的比例较低，但随着技术的不断进步，相信在不久的未来，自动驾驶汽车会越来越多，自动驾驶等级会逐步提高。

第五节　先进核电系统的安全利用

核能是满足能源供应、保证国家安全的重要支柱之一。核能发电在技术成熟性、经济性、可持续性等方面具有很大的优势，同时相较于水电、光电、风电，具有无间歇性、受自然条件约束少等优点，核能是可以大规模替代化石能源的清洁能源。根据中国核能行业协会统计，截至 2018 年 12 月 31 日，我国投入商业运行的核电机组共有 44 台（不含我国台湾地区），总装机容量

44.6 吉瓦。2018 年，我国核电机组累计发电量为 2 865.11 亿千瓦时，占总发电量的 4.22%，与燃煤发电相比，核能发电相当于减少燃烧标准煤 8 824.54 万吨，减少排放二氧化碳 23 120.29 万吨，减少排放二氧化硫 75.01 万吨，减少排放氮氧化物 65.30 万吨[①]。

科学界通常把裂变反应堆划分为四代。第一代裂变反应堆是指 20 世纪 50 年代建设的原型核电站，证明了核能发电技术的可行性。第二代裂变反应堆是指 20 世纪 70 年代至今建设并运行的大部分商业核电站，证明了核能发电的经济竞争力。第三代裂变反应堆是指满足《美国用户要求文件》或《欧洲用户要求文件》、具有更高安全性的新一代先进核电技术的核电站。第四代裂变反应堆是目前正在设计和研发的、在反应堆概念和燃料循环方面有重大创新的反应堆，其主要特征是可防止核扩散、具有更好的经济性、安全性高和废物产生量小，是未来核能重要发展方向，主要包括超高温气冷堆、超临界轻水堆、钠冷快中子堆、气冷快中子堆、铅冷快中子堆和熔盐堆 6 种候选技术。

一、高温气冷堆

高温气冷堆属于热中子裂变反应堆，用氦气作冷却剂，石墨作慢化材料，采用包覆颗粒燃料以及全陶瓷的堆芯结构材料。模块式高温气冷堆安全性好、氦气堆芯出口温度高，是目前国际核能领域公认的新一代核能系统，在工艺供热、核能制氢、高效发电、空间电源甚至军用领域都有广泛的应用前景。

知识链接

高温气冷堆

2000 年 12 月，国家"863"计划重大项目——10 兆瓦高温气冷实验反应堆在北京建成，并成功达到临界。

---

① 2018 年 1—12 月全国核电运行情况. 中国核能行业协会官网. http://www.china-nea.cn/site/content/35592.html.

我国高温气冷堆技术的研究发展工作始于20世纪70年代中期，主要研究单位是清华大学核能技术设计研究院。1986年国家"863"计划启动后，高温气冷堆被列为能源领域的一个研究专题，在国内有关单位的协作下，完成了一些重大的创新，既确保了安全可靠，又简化了系统，达到了世界领先的水平。那么，高温气冷堆究竟是什么呢？这要从反应堆说起。

通俗地说，反应堆就是"原子锅炉"，是通过控制核燃料的反应来产生原子能的装置。通常反应堆的核燃料是铀235，在中子的作用下能够产生核裂变。一个铀235原子核吸收一个中子以后，会分裂成两个较轻的原子核，以热的形式释放出能量，并产生两个或者三个新的中子。在一定的条件下，新产生的中子会引发其他的铀235原子核裂变，这种反应延续下去，就是链式裂变反应。要形成链式裂变反应，不仅铀235要达到一定数量，还必须用慢化剂把高能量的中子减慢为"热"中子。控制反应堆中核燃料的反应使核能缓慢释放，并用载热剂从反应堆中导出热量，就能对核能加以利用。

现在世界上大部分反应堆用的是金属管棒状燃料元件，载热剂是水，不耐高温。即使是压水堆，最高温度也只能达到328℃。而高温气冷堆的载热剂是氦气，用石墨作为慢化剂和结构材料，通过高科技工艺制造球形包覆燃料元件。它的堆芯温度可达1 600℃，氦气出口的温度高达900℃，这是其他任何类型的反应堆都达不到的。

二、钍基熔盐堆核能系统

钍基熔盐堆核能系统（TMSR）是第四代先进核能系统6个候选技术之一，包括钍基核燃料、熔盐堆、核能综合利用3个子系统。钍基核燃料储量丰富、防扩散性能好、产生核废料更少，是解决长期能源供应的一种技术方案。

熔盐堆分为液态燃料熔盐堆和固态燃料熔盐堆，后者也被称为氟盐冷却高温堆。熔盐堆使用高温熔盐作为冷却剂，具有高温、低压、高化学稳定性、高热容等热物理特性，并且无须使用沉重而昂贵的压力容器，适合建成紧凑、轻量化和低成本的小型模块化反应堆。熔盐堆采用无水冷却技术，只需少量的水即可运行，可用于干旱地区实现高效发电。

熔盐堆输出的700℃以上高温核热可用于高效发电，由于其使用高化学稳定性和热稳定的无机熔盐作为传热蓄热介质，非常适合长距离的热能传输，从而大幅度降低对于核能综合利用的安全性顾虑，可以实现大规模的核能制氢，同时为合成氨等重要化工领域提供高品质的工艺热，进而有效缓解碳排放和环境污染问题。

三、先进核能利用

1. 高效发电

针对堆内运行温度在700℃以上的第四代先进核能系统，现阶段较为成熟的热功转换系统主要包括蒸汽轮机系统以及闭式循环燃气轮机系统。根据工质的不同，闭式循环燃气轮机也可分氦气轮机、氮气轮机、超临界二氧化碳轮机及混合工质轮机等。工作温度越高，热功转换系统效率越高，相比较传统蒸汽循环，高温条件下的热循环发电系统，能够更充分地利用700℃以上核能系统的高品质热量，实现高效发电。

2. 核能制氢

第四代核能反应堆制氢方面的研究，其核心都是基于高温堆的工艺热。从核反应堆的角度来看，熔盐堆、超高温气冷堆等出口温度都超过700℃，所提供的工艺热都可以满足高温制氢过程，其系统效率和反应堆能提供的热能温度有很大的相关性。目前核能制氢主要有两种途径：热化学循环制氢和高温电解制氢。

热化学循环制氢是通过水蒸气热裂解的高温热化学循环过程来制备氢气。目前日本原子能机构完成碘-硫循环制氢中试，制氢速率达到150升每小时；清华大学建立了实验室规模碘-硫循环实验系统（60升每小时），并已实现系统的长期运行。

高温电解水蒸气制氢气是以固体氧化物电解池为核心反应器，实现水蒸气高效分解制备氢气。由于高温电解制氢技术具有高效、清洁、过程简单等优点，近年来受到国内外研究者及企业的重视，已经成为与核能、风能、太阳能等清洁能源联合用来制氢的重要技术。目前高温电解制氢技术面临的主要挑战包括电解池长期运行过程中的性能衰减问题、电解池的高温连接密封问题、辅助系统优化问题、大规模制氢系统集成问题。目前，美国、德国、丹麦、韩国、日本和中国等国都在积极开展相关方面的研究工作。德国 Sunfire 公司和美国波音公司合作，建成了世界规模最大的 150 千瓦高温电解制氢示范装置，其制氢速率达到 40 标准立方米每小时。中国科学院上海应用物理研究所在 2015 年研制 5 千瓦高温电解制氢系统基础上，于 2018 年开展了 20 千瓦高温电解制氢中试装置的研制，并计划于 2021 年建成世界首个基于熔盐堆的核能制氢验证装置，设计制氢速率达到 50 标准立方米每小时。

3. 海水淡化

淡水和能源资源对于人类社会生存和发展至关重要，是不可或缺的必需条件。海水淡化是获取淡水资源的一种重要途径，规模化的海水淡化需要大量的能量，因此未来从环保和可持续发展等角度考虑，基于核能的海水淡化技术将占据越来越重要的位置。

海水淡化技术利用蒸发、膜分离等手段，将海水中的盐分分离出来，获得含盐量低的淡水。其中反渗透法、热压缩多效蒸馏法等技术是经过多年实践后认为适用于大规模海水淡化的成熟技术。上述几种海水淡化技术都是利用热能或者电能来驱动，因此在技术上都可以实现并适用于与核反应堆耦合。

4. 核能供热

核能作为清洁能源，在未来会成为重要的供热资源。核能供热的一大优势就是低碳、清洁、规模化。以一座 400 兆瓦的供热堆为例，每年可替代 32 万吨燃煤或 1.6 亿立方米燃气，与燃煤供热相比，可减少排放二氧化碳 64 万吨、二氧化硫 5 000 吨、氮氧化物 1 600 吨、烟尘颗粒物 5 000 吨。

目前核能供热主要有两种方式：低温核供热和核热电联产。经过多年的研究和发展，在低温核供热技术层面已经逐渐形成了池式供热堆和壳式供热堆两种主流类型。池式供热堆以游泳池实验堆为原型，壳式供热堆由目前主流的压水堆核电站技术演进而来。核热电联产的最大优势是节能，实现了能源资源的优化配置，热电联产的综合能源利用率可以达到80%，具有较高的综合能源利用率，其缺点是热电不能同时兼顾，因此需要同核供热协同形成优势互补。核能供热可以有效解决我国北方多地的缺热情况。另外，引入大温差长途输热技术后，我国核能供热将不再受困于远距离输热的限制，核反应堆因此可以安置在核安全距离以外，为城市提供安全、稳定的热能。

第六节 非常规能源勘探开发利用

进入21世纪以来，随着常规能源的大量消耗，在全球能源资源分布不平衡以及国际投机资本炒作等因素的共同作用下，国际能源供需形势日趋紧张。世界主要国家从能源安全和经济发展的角度考虑，竭尽全力寻找各类可替代的能源。尤其是美国成功地开发出页岩气，进一步促进了各国对非常规能源的关注，陆续加大科技投入，勘查开发本国的非常规能源资源。

非常规能源是指不能用常规的方法和技术手段进行勘探开发的另一类能源资源，其埋藏、贮存状态与常规能源有较大的差别，开发难度大、费用高。非常规能源主要指油页岩、油砂矿、煤层气、致密砂岩气、页岩气、天然气水合物、干热岩等。在上述非常规能源中，除了潜力巨大的天然气水合物因生产技术尚处于研发阶段外，其他几类资源的勘查与开发活动非常活跃。

一、页岩气

页岩气是指聚集在暗色泥页岩或高碳泥页岩中，以吸附或游离状态为主要存在方式的天然气。在页岩气藏中，天然气不仅存在于泥页岩，也存在于夹层状的粉砂岩、粉砂质泥岩、泥质粉砂岩和砂岩地层中。页岩气藏烃源岩多为沥青质或富含有机质的暗色泥页岩和高碳泥页岩，有机质含量一般为4%~

30%，是普通烃源岩的 10~20 倍。天然气的生成来源于生物作用、热成熟作用或两者的结合。天然气以多种状态存在于页岩中，少数为溶解状态天然气，大部分为吸附状态存在在于岩石颗粒和有机质表面，或以游离状态存在于孔隙和裂缝之中。吸附状天然气的存在与有机质含量密切相关，它与游离状天然气含量之间呈此消彼长关系，其中吸附状态天然气的含量在 20%~85%。

随着不断攀升的能源需求和巨大的资源压力，以及天然气价格的增长、开发技术不断提高和人们对天然气的依赖，使得页岩气成为天然气工业化勘探的重要领域。

据统计，世界页岩气的资源量为 636.283 万亿立方米，相当于煤层气和致密砂岩气的总和。页岩气主要分布在北美、中亚和中国、中东和北非、拉丁美洲等地区。较早开始页岩气研究的是美国，目前美国已发现丰富的页岩气资源，拥有世界领先的勘探开发技术，取得了丰富的成果，并已进入页岩气开发的快速发展阶段。加拿大是开发页岩气资源的另一个重要国家，目前页岩气已成为加拿大重要的替代能源，实现了对页岩气的商业性开发，但还处于初级阶段。继美国和加拿大之后，我国也正式开始了页岩气资源的勘探开发。我国页岩气资源丰富，据初步评价与美国页岩气资源量大体相当，但目前我国页岩气领域刚刚开始发展，页岩气藏的研究相对欠缺，页岩气勘探开发技术还尚未成熟，与常规天然气和煤层气相比页岩气仍属起步阶段。据初步估计，欧洲的可开采页岩气达 11.3 万亿立方米。目前，欧洲也逐步开展页岩气勘探，如英国、法国、德国、奥地利、波兰、匈牙利、瑞典等国。

相关政策

页岩气发展规划（2016—2020 年）
（节选）

"十二五"期间，我国页岩气勘探开发取得重大突破，成为北美洲之外第一个实现规模化商业开发的国家，为"十三五"产业化大发展奠定了坚实基础。按照习近平总书记在中央财经领导小组第六次会议上提出的推动能源供给革命、消费革命、技术革命和体制革命的指示精神,为加快推进页岩气勘探开发,增加清洁能源供应,优化调整能源结构,满足经济社会较快发展、人民生活水平不断提高和绿色低碳环境建设的需求,特制订该规划。

该规划为指导性规划,期限为2016年至2020年,展望到2030年。《页岩气发展规划》为我国制定的发展目标如下:

2020年发展目标。完善成熟3 500米以浅海相页岩气勘探开发技术,突破3 500米以深海相页岩气、陆相和海陆过渡相页岩气勘探开发技术;在政策支持到位和市场开拓顺利情况下,2020年力争实现页岩气产量300亿立方米。

2030年目标展望。"十四五"及"十五五"期间,我国页岩气产业加快发展,海相、陆相及海陆过渡相页岩气开发均获得突破,新发现一批大型页岩气田,并实现规模有效开发,2030年实现页岩气产量800亿~1 000亿立方米。

二、天然气水合物

天然气水合物广泛分布于具有一定水深的海底与中高纬度陆地永久冻土带,蕴藏着巨大的资源潜力,使水合物的资源价值成为长期持续的研究热点。

广义上的天然气水合物是由某些小分子天然气体与水形成的非化学计量的、具有笼形结构的似冰状晶体。其中水分子在低温高压条件下依靠氢键连接形成笼形晶格结构,气体分子则填充于水分子构成的笼形晶格之中,依靠范德华力与水分子达成平衡,从而形成相对稳定的天然气水合物。

从物质组成上看,天然气水合物由天然气体与水构成。自然界中能够形成水合物的天然气体有多种,如甲烷、乙烷、二氧化碳、氮气、硫化氢等。虽然从理论上说,上述气体均可形成水合物,但迄今为止世界各大海域已发现的天然气水合物中,甲烷都占绝对优势,甲烷气体占水合物分解气的比重可达90%以上。早年"深海钻探计划"与"大洋钻探计划"在秘鲁外陆架区、中美海沟、美国东南部近海布莱克海岭与西北部近海卡斯凯迪亚大陆边缘水合物海岭等各个海域采出的天然气水合物，甲烷在水合物分解气中的占比大多高达99%，主要为生物成因。近年，中国南海神狐海域、韩国东海郁龙盆地以及印度近海K-G盆地采出的水合物样品，甲烷含量一般也超过99%。相对于海域天然气水合物形成气中甲烷可高达99%的绝对优势，陆地冻土区水合物气体组分则相对较为复杂，往往含有一定量的较重烷烃以及二氧化碳等气体。但尽管如此，甲烷含量仍然占据主导地位，一般都可达60%以上。

目前，对于天然气水合物的研究已经发展成了一门新兴学科，研究范围涉及地质学、地球物理调查、区域工程等众多领域。在美、俄、日、德、印等国，关于天然气水合物的研究开发战略布局已经形成。以日本为例，日本的发展严重依赖石油进口，而石油作为国家综合实力的重要体现，其开采主要被美国、中东、俄罗斯等国家和地区控制。日本为了摆脱相关限制，对新能源研究投入了极大热情，在天然气水合物的开发方面作出了很多努力，如研究新的设备，成立专门的勘探公司，直接参与或间接入股水合物开采项目等，是研究天然气水合物积极性很高的国家。

新闻链接

我国南海海域首次发现裸露"可燃冰"

根据新华社2017年9月22日报道，中国科学院海洋研究所22日发布消息，在中国科学院战略性先导科技专项"热带西太平洋关键区域海洋系统物质能量交换"支持下，科学家首次在我国南海海域发现裸露在海底的"可燃冰"。

我国新一代远洋综合科考船"科学"号在执行中国科学院战略性先导科技专项"热带西太平洋关键区域海洋系统物质能量交换"的航次中，船上搭载的"发现"号遥控无人潜水器携带我国自主研发的拉曼光谱探针，在我国南海海域首次发现了裸露在海底的"可燃冰"，并证实其为天然气水合物。

据了解，"科学"号共在我国南海海域发现两个存在裸露天然气水合物的站点，水深约 1 100 米。一个站点分布在冷泉化能极端生物群落中，动态合成并分解的天然气水合物可以为深海冷泉化能极端生命提供甲烷和硫化氢等能量源；另一个天然气水合物站点位于一个活动冷泉喷口的内壁，这也是在我国南海海域首次发现正在喷发的深海冷泉喷口。

天然气水合物俗称"可燃冰"，一般分布在深海沉积物或者大陆永久冻土中，而裸露在海底表面的天然气水合物则需要大量的深海冷泉流体作为气源，因此极难存在，在全球也鲜有报道，是研究天然气水合物形成、分解、成藏以及和海洋环境相互作用机制的极佳天然实验场。

到 2015 年，我国天然气产量达到 1 271 亿立方米。然而，由于我国对于能源的需求也是巨大的，2015 年，石油的总消费达到了 5.43 亿吨，净进口量为 3.28 亿吨，是世界第一石油进口国。近些年，我国对于天然气水合物资源的勘探与评价开始进行。在南海北部地区发现了丰富的储量，但是，关于其储量的精度、地质的结构还需要详细的确认。2007 年，在我国的南海北部，我国科学家勘测到天然气水合物。2009 年，在祁连山冻土，位于青藏高原北部地区，发现了冻土样品。2013 年，在南海北部神狐海域勘探到饱和度较高的天然气水合物层。"十三五"期间，我国对天然气水合物的勘探更为重视，已经成为新一步的能源目标。

第七节 有机废物能高效清洁利用

有机废物包括生活垃圾、污泥、畜禽粪便、农林废物、餐饮废油和工业有机废物等。我国是煤炭消耗的第一大国，同时又是有机废物生物质储存量第一大国。我国每年产生巨量的城镇有机废物，若不加以处理将产生巨大的污染，而通过技术转化，可生产大量的固体燃料、液体燃料、气体燃料以及化工原料，其潜在的能量超过 10 亿吨标准煤。生物质能蕴藏量巨大，其总量可达全世界一次能源的 7~8 倍。

我国的能源结构决定了我国必须把人们身边的生物质作为优先发展的可再生能源，加大力度发展并以此推动我国能源结构调整，减少化石燃料使用量和二氧化碳排放量，改善有机废物造成的环境污染。

一、生物质的能源转换技术

生物质的能源转换技术是指将如同玉米秸秆、城市生活垃圾、甜高粱等这一类生物质一次能源转换成为另一类的如电力、热力、气体燃料等便于用户直接使用的二次能源的技术。我国正在进行的剩余污泥厌氧消化气发电、城市生活垃圾焚烧发电、非粮食原料甜高粱制造车用乙醇汽油，以及中国国际航空公司2011年10月使用第二代航空生物燃料（麻疯树油50%+现有的航油50%）实际进行的试飞成功等，都经过能源转换技术才得以实现。

生物质的能源转换主要有生物化学转换方式和热化学转换方式两种。生物化学转换方式主要是指利用自然界的微生物作用使生活污水污泥、蔗渣、废弃食用油等生物质起生物化学反应并转换成为沼气（甲烷）、燃料乙醇、生物柴油等。热化学转换方式是通过加热的方法使生物质起化学反应并转换成为电力、热力、蒸汽和压力等，其中包括生物质固体成型燃料、生物质炭化和气化、生物柴油以及城市生活垃圾发电、秸秆发电等。

二、有机废物生物质的能源化等多用途利用

研究人员对污泥资源化利用开展了很多研发工作，其核心是利用燃烧、高温熔融等方式充分利用污泥热量的同时，力求达到二氧化碳减排，控制由于污泥异地倾倒或不当处理而产生的甲烷（污泥的"沼泽沼气效应"）。另外，由于污泥的矿物组成十分接近于黏土并具有一定的热值，因而被用来生产建材、水泥等。

剩余污泥的厌氧消化（即发酵）实现沼气发电是大城市的大型污水处理厂或者集中式污水处理厂采用的消化剩余污泥的发电方法。该方法的特点是含水率80%的污泥经发酵—产生沼气（甲烷）—发电或者热电联产方式获得清

洁能源。沼气的成分一般为甲烷占60%，二氧化碳占35%，其他还包括硫化氢、氢气等少量气体。上述能源工程产生的电力、热能和燃气一般首先用于企业内部，剩余电力进入电网。该方法在欧洲、日本、美国等国家和地区应用比较普遍，并早已成为发展生物质能，减少二氧化碳和甲烷排放，供应城市电力、燃气和热能的重要体系，为建设循环经济型社会发挥了重要作用。

混烧发电是将生物质与煤炭等常规能源混合在一起作为燃料并用于火力发电的技术。一般来说，污泥的高位热值与城市生活垃圾大体相同，而且经脱水干燥之后水分含量很低。如果把干燥污泥制成细颗粒与煤混烧，污泥混烧比例在3%左右的情况下其正常发电效率不受影响，而且充分利用了污泥热值，还可以降低一部分二氧化碳排放。但是为了保证混烧效果，必须事先经过脱水干化，把污泥80%的含水率降低到30%以下。

生物质固体成型燃料是指对生物质进行破碎、干燥之后加热、加压制成颗粒状或者型煤状的固体燃料。这种燃料可以同时收集污泥和其他生物质，如木材残渣、锯末、秸秆等废弃物，而且可以长期储存，便于运输，可用于寒冷地区的冬季供暖、供蒸汽并可以替代煤的使用。

第八节　规模化储能与输电关键技术

电能是现代社会人类生活生产中必不可缺的二次能源，随着社会经济的发展，人们对电的需求越来越高，电网规模不断扩大。此外，随着化石能源的不断枯竭，人们对风能、太阳能等可再生能源的开发和利用越来越广泛，当它们大量接入电网时，将对电网的安全可靠和高效运行带来很大挑战。在能源结构调整，大电网安全、稳定、高效运行等内在驱动力的作用下，迫切需要对现有电力系统进行升级改造。

一、规模化储能技术

规模化储能技术是实现未来能源系统变革的基础，是构建智能电网的重要环节。近年来以风力发电、光伏为代表的可再生能源产业发展势头迅猛，而日本福岛核事故促使更多的国家加快发展可再生能源的步伐。未来能源系统的主导将由传统化石能源转向以可再生能源为代表的新能源。但可再生能源进一步发展面临电网接入和消纳等关键瓶颈问题，在能源和电力构成中始终不能占据较大份额。储能技术在很大程度上能够解决新能源发电的随机性、波动性问题，可以实现新能源发电的平滑输出，使大规模可再生能源发电方便可靠地并入电网，实现能源系统的平稳变革。此外，目前电网运营面临着最高用电负荷持续增加，间歇式能源接入占比扩大，调控手段有限等诸多挑战，而优质、安全、清洁、经济、互动的智能电网是下一代电网的发展目标，储能技术尤其是大规模储能技术具备的诸多特性得以在发电、输电、配电、用电四大环节得到广泛应用，可以说储能技术是实现智能电网信息互动化、大量兼容可再生能源电力和平衡能源供需关系的关键环节。

美国、日本和欧洲发达国家和地区清楚地认识到，规模化储能技术是未来能源体系变革的关键核心技术领域之一，较早就开始进行战略布局，近年来更是加大对规模化储能技术应用的支持力度。美国在 2009 年经济复苏法案中，提供了高达 1.85 亿美元用于储能项目研究，加上工业界的投资，总计达到了 7.72 亿美元，同时还提供了 12.5 亿美元用于电动汽车储能电池和组件研究。美国能源部在其 2012 财年预算案中，提出将成立一个电池与储能能源创新中心，致力于先进储能技术的开发，加州甚至专门出台了储能支持法案。日本从 20 世纪七八十年代即开始新型储能电池研究，目前新能源产业技术综合开发机构正在资助的储能项目总额超过 100 亿日元，并制定了各项储能技术到 2030 年及更远时期的发展路线图。欧盟已将电力储能技术纳入战略能源技术的范畴，设立了专项经费，支持储能技术的研究与开发。

抽水蓄能是目前最成熟、应用最广泛的大规模储能技术，而为了适应于不同场合的应用，人们开发了多种新型储能技术，其中压缩空气储能、飞轮储能、超导磁储能、超级电容器、钠硫电池、液流电池和锂离子电池等体现了各自独特的技术经济性，在电力调峰、电能质量改善和稳定控制等应用中，具有较好的发展前景。

从国内外储能技术的发展现状来看，除抽水蓄能和铅酸电池外，其他电力储能技术都没有达到大规模推广应用的水平，在研发和示范应用方面还需开展进一步的工作。特别是我国，最近几年为适应可再生能源大规模发展的战略需求，各种新型大规模储能技术的研发和示范工作比较活跃，由于前期投入和技术积累比较薄弱，虽然已经取得了较好的研究进展，但距离大规模推广应用还有较大差距。

1. 抽水蓄能

抽水蓄能电站利用电力负荷低谷时的多余电能抽水至上水库，以势能方式蓄存起来，在电力负荷高峰期再放水至下水库发电，又称蓄能式水电站。它可将电网负荷低时的多余电能，转变为电网高峰时期的高价值电能，在电力系统中具有调峰填谷、事故备用等多种功能，是当前最成熟、最经济的大规模电能储存装置。其储存能量的释放时间可以从几小时到几天，综合效率在70%~80%。但抽水蓄能电站的建设也受到地形、生态环境等条件的限制。

目前，抽水蓄能电站的设计规划已形成规范。机组由早期的四机、三机式机组发展为水泵水轮机和水轮发电电动机组成的可逆机组，极大地减小了土建和设备投资。施工已采用沥青混凝土面板防渗、高强度钢结构、上水库和地下厂房信息化施工等先进技术。为进一步提高整体经济性，机组正向高水头、高转速、大容量方向发展，现已接近单级水泵水轮机和空气冷却发电电动机制造极限。今后的重点将立足于对振动、变形和磁特性的研究，着眼于运行的可靠性和稳定性，在供电质量要求较高的情况下使用连续调速机组，实现自动频率控制；提高机电设备可靠性和自动化水平，建立统一调度机制以推广集中监控和无人化管理；结合各国国情开展海水和地下式抽水蓄能电站关键技术的研究，这两种新型抽水蓄能电站可能成为传统抽水蓄能电站的有效补充，但在短期内，受技术成熟度、适用范围和经济成本等限制，只能作为能源体系中的微调节和补充。

典型案例

国家电网 5 座抽水蓄能电站同时开工

2019 年 1 月 8 日，河北抚宁、吉林蛟河、浙江衢江、山东潍坊、新疆哈密抽水蓄能电站工程开工动员大会在北京召开。这 5 座抽水蓄能电站总投资 386.87 亿元，总装机容量 600 万千瓦，计划全部于 2026 年竣工投产。

据了解，河北抚宁抽水蓄能电站位于河北省秦皇岛市抚宁区，装机容量 120 万千瓦，安装 4 台 30 万千瓦可逆式水泵水轮发电机组，以 500 千伏电压接入冀北电网，工程投资 80.59 亿元。吉林蛟河抽水蓄能电站位于吉林省吉林市蛟河市，装机容量 120 万千瓦，安装 4 台 30 万千瓦可逆式水泵水轮发电机组，以 500 千伏电压接入吉林电网，工程投资 69.72 亿元。浙江衢江抽水蓄能电站位于浙江省衢州市衢江区，装机容量 120 万千瓦，安装 4 台 30 万千瓦可逆式水泵水轮发电机组，以 500 千伏电压接入浙江电网，工程投资 73.08 亿元，该电站是国家电网积极推进混合所有制改革，在抽水蓄能领域引进社会资本的重点项目。山东潍坊抽水蓄能电站位于山东省潍坊市临朐县，装机容量 120 万千瓦，安装 4 台 30 万千瓦可逆式水泵水轮发电机组，以 500 千伏电压接入山东电网，工程投资 81.18 亿元。新疆哈密抽水蓄能电站位于新疆维吾尔自治区哈密市天山乡，装机容量 120 万千瓦，安装 4 台 30 万千瓦可逆式水泵水轮发电机组，以 220 千伏电压接入新疆电网，工程投资 82.3 亿元。

目前，我国抽水蓄能电站装机容量已跃居世界第一，未来抽水蓄能将继续加快发展。我国已经建成潘家口、十三陵、天荒坪、泰山、宜兴等一批大型抽水蓄能电站。截至 2018 年年底，国家电网抽水蓄能电站在运、在建规模分别达到 1 923 万千瓦、3 015 万千瓦；国家电网并网风电、太阳能发电装机分别达到 1.46 亿千瓦和 1.53 亿千瓦，成为全球新能源装机规模最大、发展最快的电网。

2. 压缩空气储能

压缩空气储能是另一种能够实现大容量和长时间电能存储的储能技术，

它通过压缩空气储存多余的电能，在需要时，将高压空气释放，通过膨胀机做功发电。压缩空气储能电站一般可以实现百兆瓦级的储能。小型储能电站采用压缩气罐存储压缩空气，大型储能电站将压缩空气储存在现成的岩洞或储气罐内。

自从1949年斯塔尔·拉瓦尔提出利用地下洞穴实现压缩空气储能以来，国外学者开展了大量的研究和实践工作，目前美国处于领先地位，日本和欧洲紧随其后。为解决传统压缩空气储能系统存在效率不高、需要化石燃料和应用范围限制等问题，目前国际上先后出现了一些重要的研究方向，代表着先进技术的发展趋势，包括先进绝热压缩空气储能系统、微小型压缩空气储能系统、液化空气储能系统、超临界压缩空气储能系统、与可再生能源耦合的压缩空气储能系统等。

3. 飞轮储能

飞轮储能是利用互逆式双向电机（电动机/发电机）实现电能与高速旋转飞轮的机械能之间相互转换的一种储能技术。在储能阶段，通过电动机拖动飞轮，使飞轮本体加速到一定的转速，将电能转化为动能；在能量释放阶段，飞轮减速，电动机作发电机运行，将动能转化为电能。

飞轮储能与其他形式的储能技术相比具有以下特点：储能密度高，采用复合材料、磁悬浮和抽真空等技术的飞轮储能模块，其能量密度和功率密度分别达1千瓦时/千克和10千瓦/千克级；功率等级覆盖千瓦至兆瓦范围，放电时间覆盖毫秒到几十分钟范围，且充放电过程可控；充放电次数与充放电深度无关，寿命长，可达几十年左右；充放电效率介于70%~80%，甚至可达90%；可靠性高、易维护；使用环境条件要求低，无污染。

目前全球有超过3 000套基于飞轮储能的大功率动态不间断电源系统（UPS）安全可靠地运行了上千万小时，应用于高质量电力、风力发电、车辆制动能再生等领域。我国自20世纪80年代开始关注飞轮储能技术，自90年代开始了关键技术基础研究。总体而言，我国在飞轮储能技术的研究与应用上与国际先进水平相比差距较大，目前大部分研究工作处于关键技术和小容量的原理验证阶段，还没有成熟的装置和产品。

4. 超级电容器

超级电容器是介于传统电容器和充电电池之间的一种新型储能装置，其容量可达几百至上千法拉，其结构和电池的结构类似，主要包括双电极、电解质、集流体、隔离物4个部件。超级电容器具有功率密度高、循环寿命长、低温性能好、安全、可靠、环境友好等优点，但由于电介质耐压低，储能量和保持时间受到限制，必须串联使用，以增加充放电控制回路和系统体积。当前各种商业化生产的超级电容器单体储能容量较小，而且单位电容价格仍较为昂贵，在电力系统中多应用于超短放电时间、瞬时大功率的负载平滑和电能质量高峰值功率场合，如高压变电站及开关站的电容储能式硅整流分合闸装置、大功率直流电机的启动支撑和动态电压恢复等。

发达国家在超级电容器领域投入巨资进行研究和开发，一些国家还建立了专门的国家管理机构。在超级电容器产业化方面，日本、美国、俄罗斯处于领先地位，几乎占据了整个超级电容器市场。

我国在超级电容器储能系统的研发与示范应用方面也已开展了相关工作。中国科学院开发成功了70千伏安基于超级电容器储能的动态电压恢复器，并在国家科技部科技支撑计划的支持下开发成功500千伏安/（5千瓦时）的用于磁悬浮列车制动能量吸收和启动支撑的超级电容器储能节电系统，有望用于磁悬浮列车中。

二、输电关键技术

1. 特高压直流输电

特高压输电技术是指在500千伏以及750千伏交流和±500千伏直流之上采用更高一级电压等级的输电技术，包括交流特高压输电技术和直流特高压输电技术两部分。

特高压直流输电技术起源于20世纪60年代。瑞典查尔姆斯理工大学1966年开始研究±750千伏导线。1966年后，苏联、巴西等国家也先后开展了特高压直流输电研究工作，20世纪80年代曾一度形成了特高压输电技术的研究热潮。国际电气与电子工程师协会（IEEE）和国际大电网会议组织（CIGRE）均在20世纪80年代末得出结论：根据已有技术和运行经验，±800千伏是合适的直流输电电压等级，2002年CIGRE又重申了这一观点。我国最早从20世纪80年代开始采用超直流电输送技术，这种技术主要是用在葛洲坝直流电输送工程中。虽然我国在超直流电力输送方面起步比较晚，但经过近几年的快速发展，已经取得了相当辉煌的成绩。我国于2010年独立研发了当时全世界领先，且在输送电力方面独一无二的特高压直流输电技术，该技术应用在向家坝特高压直流输电工程中，随后的数年内，我国在各个地区也开始建设这种特高压直流输电工程。

典型案例

国家能源局核准12条特高压工程

2018年9月7日，国家能源局印发《关于加快推进一批输变电重点工程规划建设工作的通知》。通知提出，为加大基础设施领域补短板力度，发挥重点电网工程在优化投资结构、清洁能源消纳、电力精准扶贫等方面的重要作用，加快推进白鹤滩至江苏、白鹤滩至浙江特高压直流等9项重点输变电工程建设。

本轮规划建设5条特高压直流输电线路以及7条特高压交流输电线路，将于两年内给予审核，项目建设期2~3年，合计输电能力57吉瓦，初步核算带来约1 800亿~2 000亿元的投资。

据了解，截至2018年3月，我国已建成"八交十三直"特高压，其中国网"八交十直"，南网"三直"；在建"三交一直"特高压，即1 000千伏苏通GIL综合管廊工程、北京西—石家庄特高压交流工程、潍坊—临沂—枣庄—菏泽—石家庄特高压交流工程，以及±1 100千伏准东—皖南特高压直流工程，将分别于两年内建成。

世界上对 1 000 千伏特高压交流输电技术的研究以及试验、建设工作开始于 20 世纪 70 年代。美国、苏联、日本和意大利都曾建成特高压交流试验线路，并进行了大量的特高压交流输电技术的研究和试验。美国是开始特高压研究计划最早的国家，1967 年美国匹兹费尔德市设立了特高压交流试验中心，美国通用电气公司与国家电力协会合作，对电压等级为 1 000～1 500 千伏、长度为 1 千米的试验线路以及相关的电力设备进行了诸多研究和实验，但美国至今未建设特高压输电线路。国外已经建成特高压交流输变电工程的国家只有苏联和日本两个国家。目前，国外并未大规模建设特高压输电线路并不是因为技术问题，而是受制于经济增长缓慢或电力供需已经达到饱和等原因。相反，经济增长速度快、电力需求持续增加的国家（如巴西、印度等）正在积极开展特高压输电技术的研究工作。

我国对特高压输电技术的研究开始于 1986 年，相比于国外起步较晚。20 世纪 90 年代，国务院及国家科委分别就"远距离输电方式及电压等级"和"特高压输电工程前期论证及可行性"等专题进行了论证和研究。我国最早用于科学研究的特高压输电线路段于 1994 年在武汉高压研究所建成。2005 年，国家电网公司开启了特高压输电工程的可行性研究，组织国内各大科研院所、高校、电气设备厂等单位分工明确地对特高压输电的关键技术进行探讨和研究，取得了丰硕成果。2008 年 12 月全面竣工的 1 000 千伏晋东南—南阳—荆门特高压交流试验示范工程是我国特高压建设史上的重要里程碑，这条特高压输电线路起于晋东南（长治）变电站，中间经南阳变电站，到达荆门变电站。该线路采用单回路架设方式，全长达 654 千米，变电容量为 600 万千伏安。该工程的线路额定电压为 1 000 千伏，最高运行电压为 1 100 千伏，并于 2009 年 1 月 6 日完成了 168 个小时的试运行而顺利投入商业运行，目前线路运行状况良好。截至目前，我国已建成 21 条特高压工程，总投资规模超过 4 000 亿元。

2. 智能电网

智能电网是以包括各种发电设备、输配电网络、用电设备和储能设备的物理电网为基础,将现代先进的传感测量技术、网络技术、通信技术、计算技术、自动化与智能控制技术等与物理电网高度集成而形成的新型电网。

智能电网本质上并不是一个全新的概念,从诞生之日起,电网一直在根据发电侧和需求侧的变化和需要而在不断进步。20世纪80年代以来,电子控制、数字计量和监控等新兴技术逐渐被引入电网,加快了电网的智能化趋势。

2008年以来,在全球性经济危机背景下,为刺激经济复苏并适应未来清洁能源发展要求,美国、欧盟等将能源基础设施建设放到优先地位。智能电网因此得到了大力提倡和积极发展,使得2009年成为"智能电网年"。

智能电网可以分为以下四大类技术领域:高级量测体系、高级配电运行、高级输电运行和高级资产管理。

(1)高级量测体系。高级量测体系是智能电网的基石,主要作用是授权给用户,使系统同负荷建立起联系,使用户能够支持电网的运行。智能电网需要具有实时监视和分析系统目前状态的能力,既包括识别故障早期征兆的预测能力,也包括对已经发生的扰动做出响应的能力。智能电网也需要不断整合和集成企业资产管理和电网生产运行管理平台,从而为电网规划、建设、运行管理提供全方位的信息服务。因此,宽带通信网(包括电缆、光纤、电力线载波和无线通信)将在智能电网中扮演重要角色。

(2)高级配电运行。高级配电运行即调度的智能化,是对现有调度控制中心功能的重大扩展,是未来电网发展的必然趋势。调度智能化的最终目标是建立一个基于广域同步信息的网络保护和紧急控制一体化理论及技术,实现具有电力元件保护和控制系统、区域稳定控制系统、紧急控制系统、解列控制系统和恢复控制系统等多道安全防线的综合防御体系。智能化调度的核心是在线实时决策指挥,目标是灾变防治,实现大面积连锁故障的预防。高级配电运行的关键技术包括:快速仿真与模拟;高级配电自动化、智能预警技术;优化调度技术;预防控制技术;事故处理和事故恢复技术(如电网故障智能化辨识及其恢复);智能数据挖掘技术;调度决策可视化技术、微网运行和运行管理系统(带有高级传感器)、新型电力电子装置、可再生能源资源调配等。

（3）高级输电运行。高级输电运行强调阻塞管理和降低大规模停运的风险，高级输电运行同高级量测体系、高级配电运行和高级资产管理的密切配合实现输电系统的运行和资产管理优化。

（4）高级资产管理。高级资产管理是在系统中安装大量可以提供系统参数和设备（资产）"健康"状况的高级传感器，并把所收集到的实时信息同资产优化运行，输配电网规划，工程设计、建造与维护，客户服务，工作与资源管理，模拟与仿真等过程集成。高级资产管理与高级量测体系、高级配电运行和高级输电运行的集成将大大改进电网的运行和效率。

思考题

1. 当前和未来能源领域科技的关键热点有哪些？这些关键热点技术对于我国及各区域发展具有哪些指导意义和实用价值？

2. 能源科技在世界能源开发与利用过程中发挥了怎样的作用？如何评价主要可再生清洁能源开发技术水平？

3. 有研究认为能源生产将实现集中式发电向分布式发电的转换，谈一谈你对这一观点的认识。

4. 能源开发利用将实现有效供应向清洁高效利用的转变，哪些关键技术有望实现这一突破？

5. 谈一谈你对新能源汽车未来发展前景的看法。

第七讲
资源科技

　　自然资源是人类经济社会发展的物质基础，也是人类实现可持续发展的前提条件。纵观人类的发展历史，任何时期人类的生存和发展都离不开自然资源的支撑。从本质上说，人类经济社会的发展史就是人类对地球自然资源的发现、开发和利用的历史。

　　人类社会的每一次重大进步都与人类对自然开发利用的变革性突破密切相关。原始人对石质、骨质工具的制造和使用，促进了人类自身的发展，彻底将人类与动物区别开来。人类掌握了种植和养殖技术之后，对生物、土地和水资源进行大规模开发利用，从而结束了人类茹毛饮血、戴羽毛穿兽皮的历史。随着金属冶炼技术的发明发展，对铜、铁等矿产资源的大量开发利用，造就了人类社会的古代文明。18世纪中叶，人类对煤炭资源的规模化利用，推动了欧洲的工业革命。20世纪40年代，人们对油气资源的大量开发使用，推动了社会的工业化和现代化进程。

　　自然资源对保障国家经济社会高速、稳定和持续发展具有深远的历史意义和积极的现实意义。随着人类社会工业化、现代化进程的加快和经济的高速发展以及全球人口数量的日益膨胀，资源的供需矛盾日益尖锐，确保对水资源、生物资源、矿产资源、能源资源等的持续、稳定、安全、经济供给，对经济社会的稳定发展至关重要。

　　人类对资源的开发利用过程中，科学技术起着关键性的作用。资源科技的变革性发展，对解决人类面临的资源短缺和可持续发展将发挥重要作用。

第一节　水资源科技

水资源是基础性的自然资源和战略性的经济资源,是人类赖以生存和发展的重要物质基础。自然环境中的水对生态系统和人类的生存具有决定意义,水资源的合理开发利用对经济社会的发展具有重大影响。在人类文明的形成与发展过程中,江河流域是人类古代文明的发祥地和承载体。水资源的分布曾决定了世界历史文明的版图。埃塞俄比亚阿瓦什河河谷是非洲大陆最重要的古生物群遗址地,这里发现了被认为是人类出现最早证据的一块上颌骨,是研究人类起源的主要场所;黄河、长江流域是中华民族的发源地,孕育了五千年的华夏文明;尼罗河孕育了古埃及文明;恒河流域诞生了古印度文明。工业革命作为人类历史上另一次重大转折,其最初的工业化工厂主要沿英国北部的河流分布。

一、水资源分布情况

地球上的水资源总量为13.86亿立方千米,其中海洋水为13.38亿立方千米,占全球总水量的96.5%。在剩余的水量中,地表水占1.78%,地下水占1.69%。人类主要可以利用的淡水资源约为0.35亿立方千米,仅占全球水资源总量的2.53%。地球的淡水资源少部分分布在湖泊、河流、土壤和地表以下浅层地下水中,大部分则以冰川、永久积雪和多年冻土的形式储存。其中冰川储水量约0.24亿立方千米,约占世界可利用淡水总量的69%,大都储存在南极和格陵兰地区。因此,人类直接可以利用的淡水资源仅占全球水资源总量的0.8%。

全球淡水资源不仅短缺,而且地区分布极不平衡。按地区统计,巴西、俄罗斯、加拿大、中国、美国、印度尼西亚、印度、哥伦比亚和刚果(金)9

个国家的淡水资源占世界淡水资源的60%。联合国发布的《世界水资源开发报告》指出,目前阿拉伯地区、中国东部、印度以及美国西南部等地区面临严重的水资源压力,预计到2025年,全世界有48个国家的超过28亿人口将面临水资源短缺问题,其中40个国家位于西亚、北非和撒哈拉以南的非洲地区。

我国水资源总量为2.8万亿立方米,可利用量为8 140亿立方米,仅占我国水资源总量的29%。人均水资源量约2 100立方米,仅为世界人均水平的1/4,且时空分布不均,南方水多,北方水少。按国际标准,目前我国有16个省(区、市)重度缺水,有6个省(区)极度缺水。全国约70%的耗水用于农业产业,20%用于煤炭产业(每年煤炭开采约需耗水150亿立方米)。农业和煤炭这两个产业都集中在雨水稀少的北方地区,北方地区降水量仅为全国总降水量的20%,导致水资源供不应求。而事实上,北方许多缺水地区还无意中通过输出水资源密集型产品(如粮食、畜牧产品、煤炭等)至其他水资源更富裕的地区,使缺水地区的供水更加紧张。预计到2030年,我国人均水资源量将降至1 700立方米的国际公认的警戒线,水资源短缺危机逐步加大。水污染日趋严重,2013年在全国评价的河流长度中,达到和优于Ⅲ类水质的河流长度仅占总评价河流长度的68.6%,水污染成为影响我国水资源安全最严重的问题。我国农业灌溉水的利用效率为40%~50%,明显低于发达国家的70%~80%。造成我国水资源利用效率低的原因主要是水管理的缺失等多方面因素。面对当前复杂的水问题和水危机,我国水安全保障基础平台、科技支撑能力建设与制度创新均严重不足[①]。

二、水资源政策

21世纪以来,美国、澳大利亚、英国等国家相继制定了与水相关的科技发展路线图,促进水资源研究与使用。2003年,美国内务部垦务局和桑迪亚国家实验室合作完成《脱盐与水净化技术路线图》,总结了美国至2020年期

---

① 白春礼. 当代世界科技 [M]. 北京:中共中央党校出版社,2016.

间供水方面将面临的挑战，并提出了应该研究和发展的领域，以便获取能够应对各种挑战的技术解决方案。2004年，澳大利亚各州政府签署了《国家水资源计划》，其涵盖了对整个国家有重要影响的水资源管理问题。2008年，英国自然环境研究理事会生态水文研究中心发布了《适应我们变化世界的集成科学：2008—2013年科学战略》，制订了5年的水科学计划。2012年，美国科学院国家研究理事会发布报告《水文科学的挑战与机遇》，提出未来10年水文科学面临着"水循环——变化的促动因素""水与生命""供人类和生态系统利用的清洁水"等方面的挑战与机遇，并提出必须发展综合考虑社会、制度、经济、法律和政治等多方面制约因素的转化型水文科学，以解决人类和生态系统面临的包括水资源不足和水质下降在内的挑战。2013年11月，联合国教科文组织正式发布国际水文计划第八阶段（IHP-Ⅷ）战略计划——《水安全：应对地方、区域和全球挑战》，主要目标是通过加强信息和经验知识转移来满足地方和区域对全球变化适应工具的需求，并加强能力建设以应对当今全球水资源问题所带来的挑战，从而将科学转化为行动。2014年，联合国教科文组织发布《世界水资源发展报告2014——水与能源》，全面概述了世界各地水资源的状态及发展新趋势，通过实例研究来展示如何应对淡水资源方面的挑战，并从不同用水领域与地区详细分析水与能源之间的复杂关系。

  为了应对挑战，我国已开始对水资源实施日趋严格的管理。2011年中央1号文件和中央水利工作会议明确提出，把实行最严格水资源管理制度作为加快转变经济发展方式的战略举措，把建设节水型社会作为建设资源节约型、环境友好型社会的主要内容。2012年1月，我国出台了《关于实行最严格水资源管理制度的意见》，对实行最严格水资源管理制度做出全面部署，明确提出水资源开发利用控制、用水效率控制和水功能区限制纳污"三条红线"的主要目标。在《国民经济和社会发展"十二五"规划》中，也将实行最严格的水资源管理制度作为重要工作内容。在今后乃至更长时期，执行最严格的水资源管理制度必将是大势所趋。

新闻链接

"水资源高效开发利用"重点专项

为贯彻落实《关于加快推进生态文明建设的意见》《关于实行最严格水资源管理制度的意见》和《水污染防治行动计划》等相关部署,科技部、环境保护部、水利部、住房和城乡建设部、国家海洋局共同制定了《国家水安全创新工程实施方案(2015—2020年)》,统筹部署水安全科技创新工作。根据国家水安全创新工程总体安排,科技部会同有关部门及有关省(区、市)科技主管部门制定了国家重点研发计划"水资源高效开发利用"重点专项实施方案。

该专项执行期为2016—2020年,专项紧密围绕水资源安全供给的科技需求,重点开展综合节水、非常规水资源开发利用、水资源优化配置、重大水利工程建设与安全运行、江河治理与水沙调控、水资源精细化管理等方面的科学技术研究,促进科技成果应用,培育和发展水安全产业,形成重点区域水资源安全供给系统性技术解决方案及配套技术装备,形成50亿立方米的水资源当量效益,远景支撑正常年份缺水率降到3%以下。

为缓解我国华北和西北地区的严重水资源短缺问题,1952年,毛泽东在视察黄河时,提出"南方水多,北方水少,如有可能,借点水来也是可以的",第一次前瞻性地提出了南水北调的宏伟设想,从此拉开了南水北调工程的大幕。2002年12月,国务院正式批复《南水北调工程总体规划》,决定开工兴建南水北调工程。南水北调工程规划调水总规模为每年448亿立方米,其中东线148亿立方米,中线130亿立方米,西线170亿立方米,规划区人口4.38亿人,建设时间约需40~50年。建成后将解决700多万人长期饮用高氟水和苦咸水的问题,此外还有助于改善黄淮海地区的生态环境状况,利于回补北方地下水,保护当地湿地和生物多样性。2013年10月,南水北调东线工程一期通水,2014年12月,南水北调中线工程正式通水。南水北调工程作为大型跨流域调水的国家战略性水利工程,将对解决区域性或流域性水资源短缺发挥重要作用。但是，单纯提供更多的水解决不了用水效率低下和需求不断增长的根本问题。事实上，中线工程甚至弥补不了北京的全部供水缺口，而需求只会继续增加，解决水资源短缺的最根本措施还得依靠水资源及其相关领域的科技进步。

近年来，我国水资源科技领域的相关研究工作得到重视和发展。《国家中长期科学和技术发展规划纲要（2006—2020年）》强调了水资源优化配置与综合开发利用、大尺度水文循环对全球变化的响应以及全球变化对区域水资源的影响、水体污染控制与治理、污水资源化利用等问题的重要性。2009年，水体污染控制与治理科技重大专项启动实施。

三、水资源科技研发重点

1. 强化饮用水安全与水污染防治

发达国家历来非常注重饮用水源地的保护，早在20世纪60年代，纽约就已建成当时一流的水源地供水系统，采用防护区和缓冲区将水源与潜在污染源隔离。俄罗斯在滨海边疆区南部的两个大型水源地周围建立了面积约10万公顷的卫生保护区。

通过制定和完善水污染防治相关法律法规，许多国家和地区已经严格削减和控制多种有害物质的生产和使用。如英国在1968年实施的《防污法案》，对向泰晤士河排放工业和生活废水的行为作了严格的规定，建立监控制度，严格控制河水含污量。美国在1973年就开始实施清洁水法案，阻止了数十亿磅的污染物排入水体，来自工厂、下水道、污物处理厂和土壤侵蚀的污染也得到了有效的控制。2000年10月，在整合现有法律法规的基础上，欧盟颁布了《欧盟水框架指令》，建立欧盟水管理框架，为保护和提高欧盟内所有水资源（河流、湖泊、地表水、过渡带和沿海地区的水）的质量制定统一的目标和要求。

一些国家还通过建立预警应急处理系统以应对突发性水质污染。例如，1984年塞文河发生苯酚污染事件后，英国有关部门认识到了水质预警系统的重要性，因此在塞文河上建立了一个包括3个水质监测站的水质预警系统。德国在莱茵河已有30多个水质监测站的基础上，建成了目前世界上最大的生物指示系统。日本建设了淀川河水质监测预警系统，以淀川河为水源的3个水厂可以从系统中获取有关事件及时可靠的信息。

中国是世界大国中水污染最严重的国家之一，全国主要河流水污染情况非常严重。其中，海河流域为重度污染，黄河、淮河、辽河流域为中度污染。湖泊（水库）富营养化问题突出。近海海域水污染导致"海洋荒漠化"，海洋生态系统全面退化。虽然1995年后国家就启动了对"三河三湖"（辽河、海河、淮河、太湖、巢湖、滇池）的治理，但水质改善收效甚微。水污染将是未来中国不得不面对的重大环境问题。

2. 重视水资源高效利用与节水技术

国际上始终把提高灌溉水及雨水利用率、作物水分生产效率和单方水产出效益作为农业水资源高效利用的重点。限水灌溉与调亏灌溉等农业水资源高效利用基础理论得到长足的发展，节水的重点也开始由输水过程节水和田间灌水过程节水转移到生物节水、植物精量控制用水以及节水系统的科学管理等方面。

日本城市部门提供部分灌溉设施改造费用，提高灌溉用水效率，而节约下来的水则归提供投资的城市部门使用，这是激励农民进行设备更新的一种方法，这种间接改变用途的水权转让在一定程度上促进了节水农业的发展，保护了农民的利益。在农业节水灌溉设备领域，世界上微灌技术的发展最有代表性的国家首推以色列，其温室种植全部采用微灌，以滴灌为主。该国温室滴灌的最高水利用率为95%。美国和澳大利亚也是目前世界上微灌面积推广最多的国家。城市节水方面，国外城市节水更侧重应用技术研发，包括工业和生活节水技术、节水经济政策以及定额标准制订等。

近年来，工业高效用水向着节水技术集成和用水系统优化方向发展，高效换热技术、热工系统节水技术得到了迅速发展，降低了冷却水需求量和损失量，而水闭路循环工艺技术、冷凝水回收回用技术、回用水系统优化与水质稳定技术等的发展则大大提高了水的重复利用率。

生活节水更加侧重于节水器具的研发和普及。美国在20世纪80年代就开始推行全国性强化节水行动，有关部门将精力集中到节水器具的研制和开发上，安装和更换室内节水器具成为美国节水的主要措施。

3. 水文学研究向学科融合交叉研究转变

生态水文学的核心内容是流域水循环系统演变作用下的生态演替、反馈与适应机制。学术界从环境学的角度开展了水环境演化机制、过程模拟和调控对策等大量的相关研究，同时研究对象也进一步扩展到森林、草地、干旱区、山地等受水分显著驱动的景观类型或地域单元；不仅关注现代生态水文过程演变，同时还高度关注历史时期生态水文过程或古生态水文过程；不仅关注水文过程和生物过程，而且还关注能量过程、水质过程和水沙过程，同时还考虑人类活动和全球气候变化的影响；研究的空间尺度也逐渐从景观尺度过渡到流域尺度、区域尺度和全球尺度。

4. 非常规水资源开发得到重视

20世纪70年代以来，在淡水资源开发的基础上，发达国家越来越重视废水、海水、低盐水、洪水等替代性水资源的开发利用。例如，以色列已经实现了全部生活污水以及72%的城市废水的再生利用；美国有357个城市在回用污水；沙特阿拉伯拥有全球最大的海水淡化工程，日产淡水45万吨；日本大力调整工业布局，实现了水资源与产业格局之间的优化配置；美国发展了洪水管理技术，不仅利用了洪水的生态环境功能，而且还减轻了洪水灾害压力；日本、德国等也发展了雨水、洪水收集和就地利用方面的理论与技术体系，日本在城市屋顶修建用雨水浇灌的"空中花园"，德国出台雨水利用设施标准并已发展出第三代雨水利用技术等。

5. 水资源配置与管理向综合合理化发展

水资源配置在目标上已由单一追求整体经济效益最大化转为追求经济效益、社会净福利和环境可持续的综合发展目标；在配置对象上，由单一地表水、地下水资源量配置发展为一次性水资源与再生水、水量与水质统一配置；

在决策机制上，由原来单一的经济机制发展为综合考虑水平衡、经济效率、生态环境和社会公平等的综合机制；在模型上，学术界提出了包括模拟模型、优化模型、博弈模型与综合模型在内的水资源配置模型。随着对水资源系统认识的深入以及计算方法和能力的进步，目前水资源配置整体模型技术得到重视，同时由配置模型与调度模型耦合而成的综合调配模型开始构建，并成为水资源管理的工具。目前，国际上水资源管理研究在侧重需水管理的同时，也注重需水管理、供水管理、水质管理与水价管理的相互关系，强调水资源管理的经济、法律和行政的综合作用机制建设研究。

6. 变化环境下的水资源演变研究受到关注

随着人类活动对水循环影响的加剧，变化环境下的流域水资源演变与调控已成为现代水资源研究的重大课题和前沿领域，涉及气候变化、土地利用变化和大规模调水等，如《国际地圈生物圈计划（IGBP）》二期研究就专门设立了"变化环境中水文和水资源的脆弱性"研究主题。气候变化对水文过程的影响研究，大多采用"气候变化—水文模拟—影响评估"三步模式。

第二节 生物质能源及能源植物科技

在过去的 20 年里，我国的能源消费总量随着经济的发展已经翻了一番。2009 年，我国已经超越美国，成为全球最大的能源消费国。能源短缺和能源消费所引起的环境问题已经成为制约我国可持续发展的瓶颈之一。矿物燃料的日趋枯竭和生态环境的日渐恶化，使人们日益重视研究和利用新能源，以可再生能源来替代有限的石化资源成为必然，安全、清洁、储量无限的生物质能源进入科学家们的视线，成为能源研究热点。这不仅缘于生物质能源可以无限再生、原料易得、资源丰富，且其稳定又储能，产品既有热与电，又有固、液、气三态的多种能源产品，以及塑料、生物化工原料等众多的非能源生物基产品，这些特质与功能是其他所有物理态清洁能源所不具备的。因此，作为一种可再生资源，生物质能源的可储藏性及连续转化能源的特性，决定了生物质能源将会成为非常有前景的替代能源，生物质能源主导未来可再生能源的发展已成为必然趋势。

一、能源植物的分类

生物质能源来自能源植物。所谓能源植物是指直接用于提供能源为目的的植物。广义的能源植物包含所有的陆地和海洋的植物。狭义的能源植物指能量富集型的植物。据估计，地球上每年植物光合作用固定的碳达 2×10^{11} 吨，含能量达 3×10^{21} 焦。能源植物通过光合作用固定二氧化碳和水，将太阳能以化学能形式储藏在植物中。除直接燃烧产生热能外，还可转化成固态、液态和气态燃料。按照化学成分的不同，能源植物分为三类：

（1）富含碳水化合物的能源植物：其中，富含糖的能源植物有菊芋、甘蔗、甜高粱等，富含淀粉的能源植物有木薯、玉米、甘薯等，富含纤维的能源植物有芒果、桉树等。利用这些植物可得到生物柴油、燃料乙醇和燃气。

（2）富含油脂的能源植物：如油菜、向日葵、棕榈、花生等。这类能源植物既是人类食物的重要组成部分，也是工业用途非常广泛的原料。

（3）富含类似石油成分的能源植物：如麻疯树、油楠、续随子、绿玉树、古巴香胶树等。可直接产生接近石油成分的植物，其主要成分是烃类，如烷烃、环烷烃等。富含烃类的植物是植物能源的最佳来源，通过脱脂处理可作为柴油使用。

在三类能源植物中，富含油脂和高糖或高淀粉的能源植物，因其多数本身既是人类的食物来源，又是重要的化工原料，种植这些能源植物都需要大量的耕地，而我国人多地少，大规模利用耕地来生产能源植物不现实。因此，筛选能量富集型的野生或半野生状态的能源植物，并通过生物工程改良和培育良种能源植物是开发能源植物的关键。

二、转化及利用方式

1. 生物乙醇

生物质能转化为乙醇是质能转换体系中较为成熟的过程。许多生物质经初步加工，能够作为发酵乙醇的工业原料，而乙醇生产已在世界范围内形成仅次于石油化工的大产业，工艺装备技术成熟。乙醇作为燃料具有热值大、燃烧充分等优点，并能够与现行的内燃机有较好的相容性。无水乙醇（纯度大于99.3%）和汽油以一定比例混合可作为车用燃料，乙醇在混合物中的比例不超过25%时，可以利用原有的汽车发动机。而纯度为92.6%~93.8%的含水乙醇，能够直接作为车用燃料，目前有很多汽车工业巨头都已经在采用乙醇作为燃料，比如克莱斯勒、福特等。巴西的甘蔗制乙醇产量每年达1500万吨，已经可以全面覆盖汽车用燃料并大量出口美国。相关研究还表明，在汽车燃料里掺入10%~15%的乙醇可提高汽油的辛烷值，使汽油燃烧得更完全，减少有害气体的排放。

木质植物纤维素是地球上最丰富、最廉价的可再生资源，植物每年通过光合作用，能产生高达 1.55×10^{11} 吨纤维素类物质，而每年用于工业过程或燃烧的纤维素仅占2%左右，还有很大一部分未被利用。因此研究开发纤维素的转化技术，对开发新能源，保护环境具有非常重要的现实意义。利用纤维素资源生产生物乙醇被认为是解决能源危机的最为理想的办法。纤维素可以通过一系列的转化，降解成葡萄糖、木糖等，再加工形成生物乙醇。

2. 生物柴油

柴油作为一种重要的石油炼制产品，在各国燃料结构中占有较高的份额，开发生物柴油替代石化柴油已成为新能源开发的重要途径之一。生物柴油可以由植物油脂通过酯交换反应来制备，可作为燃料直接应用于大多数的柴油引擎中，燃烧特性方面优于石化柴油，具有突出的环境友好性和可再生性，燃点高，生产、使用、储运过程安全性好。

目前，在生产技术方面，围绕着提高转化率、降低生产成本已开发出众多新型的转化技术，并逐步走向成熟。如利用氧钒磷酸盐作为催化剂可快速完成相关反应，180℃下催化反应30分钟，转化率可达80%以上，且催化剂可以通过简单的煅烧得到再生。超声催化技术可在10~20分钟内实现90%以上的转化率。甲醇超临界体系则不需使用任何催化剂就可以完成相应转化，但需要高温（525~675开）、高压（30~60兆帕）。由于各种油料植物所提供脂肪酸在组成和比例方面各不相同，因此对酯化技术要求不同，产品性质差异也较大。在开发应用方面，既需要考虑经济成本上的可操作性，也要考虑到普遍推广上的可能性。

植物体内的储能物质除了木质纤维素、淀粉、脂肪等大分子物质外，部分高等植物还能够合成高还原态的次生代谢物质，这类成分在结构和组成上更接近于石油成分，经简单的加工和转化，可以作为生物柴油使用。该类植物常被称为"石油植物"，代表性的植物品种有续随子、西蒙得木、绿玉树等，其引种栽培、快繁育种、产后加工等研究正成为目前能源植物资源研究中的热点。

三、能源植物研究现状

20世纪国际上出现了两次石油危机，给世界经济带来巨大影响，替代化石能源的研究备受关注。不少植物学家试图用植物油脂替代石油来作为应对能源日益膨胀的需求量的对策之一。国外能源植物的开发利用较早。自20世纪70年代以来，许多国家先后制定了有关生物能源的开发研究计划，如美国的能源农场、巴西的乙醇能源计划、日本的新阳光计划、印度的绿色能源工程等。特别是自从诺贝尔奖获得者、美国加州大学的化学家梅尔文·卡尔文于1986年在加州种植了大面积的油脂植物获得成功以来，世界各国投入大量的人力、物力、财力从事能源植物的研究和开发，并且进行大面积种植和工业转化利用，取得了一系列研究成果和良好的经济效益。

1. 不同类型能源植物的利用

国外用于规模生产生物柴油的原料有大豆（美国）、油菜籽（欧洲）、棕榈油（东南亚）等。美国和巴西等国家利用甘蔗、甜高粱、玉米、木薯等生产燃料乙醇;日本、爱尔兰等国家利用植物油下脚料及食用回收油作原料生产生物柴油。

世界上富含油的植物达万种以上,已发现的40多种石油植物和柴油植物主要集中在夹竹桃科、大戟科、萝摩科、菊科、桃金娘科以及豆科。产油植物大体有3类:大戟科植物,其植物油可制成类似石油的燃料,大戟科的巴豆属制成的液体燃料可供柴油机使用;豆科植物,如苦配巴植物;其他木本植物,如油棕榈树、南洋油桐树、澳大利亚的阔叶木棉等。有些植物含油率很高,如木姜子种子含油率达66.4%,黄脉钓樟种子含油率高达67.2%。

关于木质纤维素能源植物的研究近年来也受到普遍关注。纤维素质原料是地球上最丰富的可再生资源,植物干重的35%~50%是纤维素,20%~35%是半纤维素,还有5%~30%是木质素。全球光合作用产生的植物生物量每年高达1.1×10^{12}吨,纤维素质原料占全球生物量的60%~80%。

美国在生物质生产燃料的生物能源计划中确定了生产纤维素类物质潜力大的34种草本植物和125种木本植物,其研究集中在柳枝稷、柳树和枫树等。在多年生草本木质纤维素作物中,研究最多的是禾本科根茎类植物,其中柳枝稷、草芦、芦竹等是较理想的能源植物,如每公顷柳枝稷大约可转化500升燃油乙醇。

藻类、水生植物是有待开发的能源植物,如淡水中的一种丛粒藻能够直接排出液态燃油;加拿大的科学家将单净菌和单紫菌进行混合培养,产生了类石油烃类。藻类可以用来做沼气原料,含糖量大的藻类则可以用来产生醇类,杜氏藻属的一些藻类可产生甘油。

2. 不同国家的能源植物利用

在能源植物的利用方面,美国的研究取得的成绩最为优异,其能源植物产量每年均在500万吨以上。在生物柴油的提取和使用技术上,美国也取得了较大的进展,利用海藻成功研制开发出生物柴油。美国是世界上最大的以谷物为原料生产生物燃料乙醇的国家。此外,美国还大力发展其他能源植物。美国国会在2000年颁发了《生物质研发法案》;2002年,美国政府成立了生物质项目办公室,并且有专门的生物质技术咨询委员会;美国能源部和农业部联合提出了《生物质技术路线》的政策性报告,提出在2020年,生物燃油取代全国燃油消费量的10%,生物基产品取代石化原料制品的25%,减少相当于7 000万辆汽车的碳排放量(约1亿吨),每年增加农民收入200亿美元。2010年度,美国生物质能研发的拨款为太阳能和风能相应研发拨款的5.8倍。

巴西是能源植物推广利用最积极的国家之一。巴西是世界燃料乙醇发展的先驱,首先推出了国家乙醇计划,充分利用本国的甘蔗资源优势,形成了高水平的燃料乙醇生产技术。巴西大规模生产乙醇动力汽车,最先成为世界上不使用纯汽油作为汽车燃料的国家,目前以乙醇替代了50%的汽油。

欧洲国家在大力发展生物质燃烧发电的同时,加强了能源植物的开发利用。欧洲使用较多的是马铃薯,用于生产燃料乙醇,利用油菜生产生物柴油。欧洲是世界上能源植物发展最快的区域,这些国家主要以油菜为原料开展研究生产生物柴油。德国和奥地利等建起多个生物柴油生产厂,仅德国就有1 600余家生物柴油加油站,瑞典的斯德哥尔摩城市公交系统完全不使用石油燃料,一年可替代1.4万吨柴油,减排4.1万吨的二氧化碳。瑞典还宣布将在2020年成为全球首个告别石油的国家,称届时将没有汽车再使用汽油,生活用能(如电力、取暖)不再使用燃料油。欧盟2020年运输燃料的20%将用燃料乙醇等生物燃料替代。

澳大利亚的古巴树(也称柴油树)每年可从成年树中获得约25升燃料油,且这种油可直接用于柴油机;阔叶木棉能提取类似于重油的燃料油;多年生的野草桉叶藤和牛角瓜,从其茎叶中可以提炼出一种白色汁液,可用于制取石油。

日本是发展生物柴油最早的国家,也是亚洲第一生物柴油生产大国。日本的"象草"是一种理想的石油植物,1公顷平均每年可收获12吨生物石油,比其他现有的任何能源植物都高产,而且种植成本还不到种植油菜的1/3,但其所产出的石油包含的能量却相当于用菜籽油提炼的生物柴油的2倍。

马来西亚原始森林中的豆科植物银合欢树,其汁液含油量很高,被誉为

"燃烧的木头",其燃烧能力可达到石油的2/3以上。另外,泰国还从南洋油桐中提取石油物质。

我国幅员辽阔,地域跨度大,水热资源分布多样,能源植物资源种类丰富多样,约有3万种维管束植物,仅次于印度尼西亚和巴西,其中有经济价值的植物约1.5万种,具有能源开发价值的约4 000种,具备了开发能源植物资源的独特优势。我国南方约有3亿亩荒山荒坡,北方有15亿亩盐碱地,利用荒山荒坡和盐碱地、荒滩、沙地种植能源植物,既不占用宝贵的耕地资源,又可提供大量的生产原料,还有利于改善生态环境、增加农民收入。

我国具备开发能源植物的有利条件,但在能源植物的大规模生产和开发利用方面起步较晚。我国政府充分重视生物能源的研究和开发,在《国家中长期科学和技术发展规划纲要(2006—2020年)》中指出,要全面提升中国生物质产业科技创新能力。在"十一五"期间,我国启动了农林生物质工程等重大项目,旨在对生物质高效降解、沼气规模化制备、植物质成型燃料开发等一批重大技术进行研究和突破,同时发展高产、高抗、高糖、高油的能源作物规模化培育技术,形成一批特种新型能源植物资源的高效培育技术。

---典型示范工程---

生物质能发展"十三五"规划
(节选)

(一)大力推动生物天然气规模化发展

到2020年,初步形成一定规模的绿色低碳生物天然气产业,年产量达到80亿立方米,建设160个生物天然气示范县和循环农业示范县。

在粮食主产省份以及畜禽养殖集中区等种植养殖大县,按照能源、农业、环保"三位一体"格局,整县推进,建设生物天然气循环经济示范区。

(二)积极发展生物质成型燃料供热

在具备资源和市场条件的地区,特别是在大气污染形势严峻、淘汰燃煤锅炉任务较重的京津冀鲁、长三角、珠三角、东北等区域，以及散煤消费较多的农村地区，加快推广生物质成型燃料锅炉供热，为村镇、工业园区及公共和商业设施提供可再生清洁热力。

（三）稳步发展生物质发电

在农林资源丰富区域，统筹原料收集及负荷，推进生物质直燃发电全面转向热电联产；在经济较为发达地区合理布局生活垃圾焚烧发电项目，加快西部地区垃圾焚烧发电发展；在秸秆、畜禽养殖废弃物资源比较丰富的乡镇，因地制宜推进沼气发电项目建设。

（四）加快生物液体燃料示范和推广

在玉米、水稻等主产区，结合陈次和重金属污染粮消纳，稳步扩大燃料乙醇生产和消费；根据资源条件，因地制宜开发建设以木薯为原料，以及利用荒地、盐碱地种植甜高粱等能源作物，建设燃料乙醇项目。加快推进先进生物液体燃料技术进步和产业化示范。到2020年，生物液体燃料年利用量达到600万吨以上。

第三节 油气资源探测技术

油气资源在支撑国民经济发展和保障人民生活中占有十分重要的地位，是直接关系国计民生的战略性资源。积极投入对本国和全球油气资源的勘探与开发一直是世界各国保障其能源资源供应的重要举措之一。但随着全球油气需求不断增加、勘探开发工作难度不断加大，油气资源探测呈现出向地表条件复杂地区和地球深部延伸的趋势。以重力、磁法、电法、地震和化探等为主的油气资源探测技术在油气勘探中具有不可替代的重要作用，是当前发现油气藏的重要手段。测井、地震勘探等技术具有精度高、探测深度大、分辨率高的特点，是当前和未来国际油气资源探测的主要方法。在油气的普查、勘探和开发等不同阶段，油气资源探测技术都发挥着不可或缺的重要作用。

一、地震法

自 21 世纪以来，国际油气地震探测技术研发的重点领域集中在复杂介质中地震波传播理论及模拟技术、地震资料成像技术、地震勘探技术、地震油藏动态监测技术、地震属性分析技术等。

1. 复杂介质中地震波传播理论及模拟技术

针对油气勘探过程中面临的复杂断块构造油气藏、岩性油气藏和裂缝性油气藏等复杂性油气藏的勘探开发问题，国内外开展了复杂介质弹性波理论研究。目前，代表性的模型主要有：Marmousi 模型，为检验二维模拟技术、成像技术和相关软件提供了标准模型数据体；美国地球物理勘探家协会和欧洲地球物理勘探家协会共同组织相关研究机构研究完成的 SEG-EAEG 模型，提供了标准模型数据体。此两个模型对地震波传播理论及模拟技术的发展起到了重要的推动作用。

2. 地震资料成像技术

地震资料成像技术一直是国内外勘探地球物理学家研究的热点问题，该技术近年来的发展主要集中在积分法偏移、单程波动方程偏移、各向异性偏移、回折波偏移、束偏移、逆时偏移等方面。

3. 地震勘探技术

地震勘探是进行岩性油气藏和隐蔽油气藏勘探的一种非常有潜力的方法。目前，国外多波多分量地震勘探在岩性预测、构造成像改善、油藏监测、裂缝检测等方面的试验和研究取得了很大进展。

4. 地震油藏动态监测技术

由于在油藏生产过程中油藏流体及相关物理特性的变化可以导致地震响应的变化，因而，可以通过在不同时间对同一油气田重复进行地震测量，并采取特殊的时移地震数据处理、差异分析和计算机可视化，利用地震响应随时间的变化来测量油藏开发以来的变化（压力、温度等），达到对油藏生产动态进行监测的目的。地震响应在时间上的差异为地震在油气资源探测中的应用开辟了新的研究领域。

5. 地震属性分析技术

地震属性是地震数据经过数学变换而导出的有关地震波的几何形态、运动学特征、动力学特征和统计学特征的特殊测量值。目前从地震数据中分离出与油气有关的重要地震属性包括振幅、频率、反射强度、倾角等。大量地震属性的出现，推动了聚类、神经网络等多参数非线性分析方法的应用与流行。地震属性分析技术的研究已由线、面信息扩展到三维信息，从分类提取优化发展为一项系统的应用技术。利用地震属性分析技术可以描述油藏特征及孔隙度变化，寻找难以发现的隐蔽油区等。

二、测井技术

国外石油公司或技术服务公司都很重视对测井基础和前沿技术的研究，不断推出新的测井方法、仪器或产品。下面列出了具有代表性的三项国际石油测井技术。

1. 三探测器脉冲中子测井仪器

脉冲中子测井一直是重要的测井方法之一，但老式脉冲中子测井仪器已经无法满足页岩气和致密气等非常规油气藏评价与监测的需要。2010年，哈里伯顿公司开发出新的三探测器脉冲中子测井仪器TMD-3D，其适合于非常规油藏评价。新仪器具有近、远和大间距3个探测器，探测深度更大，优化了对气体和地层密度的响应，极大地改善了气体饱和度的确定方法。

2. GeoTap ID 传感器

GeoTap ID随钻流体识别和采样传感器是业界推出的第一个随钻流体采样工具。有了该项技术，不需要钻井结束就可以进行电缆流体采样作业，节省了钻机时间和成本，加速了油藏表征进程。该技术获得2010年世界石油奖中的最佳勘探技术奖以及2011年的工程创新奖。

3. 储层导航

2010年，贝克·休斯公司宣布推出储层导航服务，该服务是目前业界最为复杂的实时钻井评估工具包和 3D/4D 可视化软件，可通过与油藏建模技术结合优化井眼定位，减少钻井不确定性，最大化接触油藏，提高产量并增加最终采收率。该技术在实际钻井中，可实时探测远距离储层边界，实时上传模型，描述和预测钻头前部环境，帮助钻井轨迹在能够获得最大产量的地层中行进。

三、处理解译软件

油气地球物理探测技术水平的高低不仅与探测仪器本身的精度有关，还与对测量数据的处理和解译密切相关。国外石油公司和油田服务公司在注重提高探测仪器精度的同时，也非常重视对数据处理软件、解释技术、质量控制技术等的发展。

2010年，Spectraseis 公司推出 RioGrande 软件。RioGrande 是一款用于低频地震的先进数据管理与可视化软件，能够对低频勘探结果进行综合解释，并提供一套完整的工具套系，简化低频地震数据的管理与分析。2010年，西方地球物理公司展出了其 OMEGA 2010 地震处理软件系统，除了通用的海上、陆上处理流程之外，还兼容了几项最先进的成像技术。荷兰的 OpendTect 4.2 地震解释软件，重新建立了地质沉积年代记录，通过年代地层的层位追踪，可以更精确地定位油藏、源岩，并能够通过增加的新插件、新技术和新功能，使地质数据的价值最大化。

第四节 特殊生物种质资源科技

通过长期的自然选择和适用性进化，分布于特殊生境的生物资源蕴藏着特殊的遗传基因，这些基因资源具有巨大的潜在利用价值。开展物种起源与形成机制、生物种群起源和演化规律、极端环境下生命过程及特异抗性基因资源挖掘等研究，对推动生物产业发展、服务工农业生产和国防建设等都具有重要意义。如在农业育种和作物改良研究中，通过发展农业野生核心种质资源优异基因的高通量定向挖掘技术，对农作物野生近缘种、果蔬野生近缘种、家禽家畜野生近缘种、水产养殖野生近缘种、野生药用植物资源等开展系统评价和定向挖掘，建立核心种质资源库，为遗传改良提供源头支撑。

一、药用植物资源

药用植物资源领域的科技发展与产业进步对国家的经济发展和人口健康具有重要意义。近年来，国际社会对植物来源药品的兴趣日益增长。据统计，目前美国和欧盟的处方药中约有25%是植物制品。随着科学技术的进步，尤其是各种高通量筛选技术、层析分离技术的发展，发达国家越来越重视从药用植物中筛选有效成分作为新药和保健品的开发前体，尤其关注癌症、艾滋病和心血管疾病的新药开发。世界各国对天然药物的需求和开发不断增加，极大地提高了药用植物资源的利用度，也使药用植物面临着日益严重的资源危机。如何在保护药用植物资源可持续性发展的基础上，合理开发利用药用植物资源，成为世界各国共同面临的重要难题。

1. 药用植物资源核心种质资源的发掘与评价

（1）药用植物资源核心种质资源的发掘

近年来，随着物种保护意识的提升和基因研究的深入，有关植物种质资源的研究也越来越为各科技大国所重视。目前药用植物种质资源研究主要致力于解决以下几个方面的问题：确保药材质量、选育新品种、保存生物多样性、确保药用植物资源的可持续利用、保护濒危药用植物资源。目前全球已经建立了多个大型植物种质资源库，为全球植物种质资源的保存与信息交流提供服务。美国国家种质资源实验室数据库管理组维护着一个大型计算机网络——美国种质资源信息网络，该网络提供美国国家植物种质体系中所有种质的信息，同时也提供美国农业部农业研究服务局的动物、微生物等种质信息。该网络是世界上最大的种质资源信息网络之一。

典型案例

中国西南野生生物种质资源库

中国西南野生生物种质资源库是目前世界上仅有的两个按国际保存标准建设的保藏设施之一。2009年11月24日,设施通过国家验收,标志着我国唯一的国家级野生生物种质资源库项目建设全面完成。根据"边建设、边运行"的原则,2007年4月中国西南野生生物种质资源库主体工程竣工后,开始投入试运行。我国"建成首个野生生物种质资源库"入选2007年度由两院院士评选的"国内十大科技进展"。与英国"千年种子库"、挪威"诺亚方舟"种子库等国际一流的种质库相比,中国西南野生生物种质资源库是唯一建立在生物多样性热点地区的种质资源库,并具有综合性(种子库、离体库、DNA库、动物库、微生物库等兼备)和高效性等优点。

通过对种子保存、离体保存和DNA保存等方式的整合应用,解决了植物种质资源保藏环节中的关键问题,形成了102个技术规范或标准,其中76个已用于我国野生生物种质资源规范化、系统化的收集、整理、保存、研究,强化了护照信息、证据标本、图像信息、地理坐标等的收集和整理。根据种质资源库的实际保藏需要,使整个保藏流程标准化,疏通了流程中的几十个工作环节,通过技术和工具等创新,突破限制野生种质资源保藏中的技术难题。根据种质资源的重要性及其保存特性,兼顾了种子、离体组织、DNA或活体等不同形式实施有效保存。将不同的技术手段应用于种质资源的研究之中,包括种子生物学、分子生物学、生物技术、基因组学、生物信息学、信息网络技术和民族植物学等。除了常规的种子储藏特性研究、植物离体保存技术、菌种分离和保存技术等之外,DNA条形码技术、基因组学和民族植物学方法被引入到种质资源的研究工作中,取得了可喜的进展。

该项目是实施生物多样性保护和可持续发展战略的一项重大举措,对我国生物技术产业的发展,对未来面临的国际资源竞争,对确保国家种质资源的安全十分必要,具有重大科学意义。

(2) 药用植物资源核心种质资源的评价

通常评价种质资源的主要内容包括一般性状记载和特定性状评价。一般性状记载指对农艺性状和植物形态学性状,如形态特征、生育期及产量性状的描述。特定性状评价是针对育种需要对某种抗性或品质进行系统鉴定和基因分析。药用植物的种质资源评价与普通植物品种不同,还应包括对植物品种所含有效成分的数量和质量的鉴定。因此,需要建立全面的药用植物种质资源评价体系。

DNA(脱氧核糖核酸)条形码技术是分子鉴定的最新发展,即通过比较一段通用 DNA 片段,对物种进行快速、准确的识别和鉴定,是近年来生物分类和鉴定的研究热点,在物种鉴定方面显示了广阔的应用前景。药用植物是传统草药和药用产品的重要来源,相关的国际贸易正在迅速增加。在日益扩大的国际贸易中,准确快速鉴定药用植物及其混伪品是一个比较困难的工作。DNA 条形码技术为中药鉴定提供了一个强大的工具,大大加快了中药鉴定标准化的进程。

2. 药用植物有效成分辨识与功能验证关键技术

药用植物经过传统或优化工艺加工后制备成中药制剂,但由于其化学成分复杂,有效成分难以确定,仅单方制剂也为多种成分的混合物,且需要严格按中医理论和用药原则组方,因此要求更严格和更先进的分离分析手段进行鉴定和含量测定。近年来,随着科学技术的发展,各种现代仪器分析技术已大量应用于中药成分分析,为保证药品质量发挥了重要作用。

目前,这方面应用较为普遍的是色谱、质谱技术及其与生物医学相结合的生物色谱技术等。具有自由基清除能力的化合物是一类重要的中药活性成分,通过自由基清除前后吸光度等变化,利用质谱检测器等在线检测色谱分离物的自由基清除能力,进行中药活性成分的辨识。利用化合物与药物靶标的亲和性及其与靶标结合后引起的活性,进行中药活性成分的辨识,具有作用明确、特异性好的特点,有助于揭示中药药效物质基础和发现活性化合物。色谱分离和药物靶标技术的结合为中药活性成分的辨识提供了一种快速的方法。近年来,中国科学院在将先进色谱技术和计算化学方法用于植物有效成分发现的方向上取得了许多重要的研究成果，发现了许多有新结构或新功能的活性化合物，为今后新药和新功能化合物的开发提供了新的来源。

二、基于基因组学技术的作物种质资源研究

种质资源是作物遗传改良和相关基础研究的物质基础。种质资源研究和创新的深度和广度，直接影响到种质资源利用效率和现代种业的可持续发展。因此，种质资源保护和利用已成为世界各国农业科技创新驱动战略的重要组成部分。

1986年基因组学被首次提出后发展十分迅猛，基因组学理论和方法广泛应用于其他学科和不同行业，催生了生物学科大数据时代，促进了生物技术产业的蓬勃发展。与其他学科一样，基因组学的发展对作物种质资源研究思路、技术路线、研究方法等产生了革命性的影响，种质资源研究进入一个新的历史发展阶段。特别是分子标记和测序技术的广泛应用使种质资源的全基因组水平的基因型鉴定成为可能，种质资源的结构多样性和功能多样性研究愈加深入，对阐释作物起源、进化和传播、有效保护种质资源、发掘新基因和高效种质创新将起到重要的推动作用。

1. 种质资源的基因型鉴定

种质资源研究涉及多门学科，特别是近年来生物组学对其产生了深远影响，其中，基因组学带来的颠覆性技术之一是基因型鉴定技术。这些技术不仅可用于作物种质资源保护等基础性工作，还广泛应用于遗传多样性分析、新基因发掘和种质创新等多个方面。

基因型鉴定的必要手段是利用分子标记。在过去的几年中，基于第二代测序的全基因组水平基因型鉴定技术（如全基因组测序、重测序、简化基因组测序、核糖核酸测序等）开始出现。近年来，针对基因组较大的物种，科学家们开发了一系列低成本、高通量的基于简化基因组测序的基因型鉴定方法。目前，中国的作物种质资源基因型鉴定大多数还使用简单序列重复标记，基于芯片和测序技术的基因型鉴定仅在玉米、水稻、小麦、大豆、棉花等作物中刚开始应用。

2. 种质资源异地保存

据联合国粮食及农业组织估计，全球收集保存的 740 万份种质资源中仅 100 万~200 万份是特异的，其他种质都存在不同程度的重复。传统的重复判定方法是通过形态学性状和地理来源来判断，这种方法显然存在缺陷，因为可利用的形态学标记相对较少。更有效的方法是通过基因型鉴定来推断种质重复与否，但要注意的是不同分子标记的分辨率会影响到"重复种质"的判定。利用高分辨率的分子标记类型或测序技术，可以提高遗传材料内及材料间遗传相似度和杂合度的鉴别能力，有利于库存种质资源管理。

种子保存寿命是种质库管理评价的重要指标。种子保存寿命研究的经典方法是通过发芽试验对种子活力进行监测，并用分子标记等技术监测其遗传完整性，确定繁殖更新临界值。研究表明，不同作物的种子寿命是受遗传控制的。中国种质安全保存相关研究取得了一定进展，但总体来看，在种质资源保存方面基于基因组学水平的研究规模和深度均较欠缺，对种子保存寿命、种子老化相关的基因研究更少。

3. 种质资源原生境保护

原生境保护已成为作物野生近缘植物保护的主要方式，广泛应用于濒危野生近缘植物的遗传多样性保护。原生境保护的理论基础是通过对地球上物种形成机制的了解，以及调查人类活动对物种、遗传变异和生态系统的影响，建立可操作的方法来维持野生植物的遗传多样性，保护和恢复生物群落及其生态功能。但是，传统原生境保护中的很多科学问题很难用经典遗传学技术加以解决，特别是群体结构、种群间的基因流和进化动态及亲缘关系等受到遗传和环境因素的双重影响而难以被精确估算。应用分子标记及基因组数据估计野外种群的群体结构、确定种群间的基因流和亲缘关系等，可较为准确地估计生物多样性，结合野外调查统计数据和生态学信息，即可确定优先保护区域和优先保护种群。新一代测序技术的发展，使得某些基因的序列能够在更多的样品上进行比对，获取基因序列多样性的大量信息，从而阐明基于基因序列的谱系关系及其近缘种间关系，有助于确定物种优先保护顺序。

4. 作物起源、驯化与传播研究

驯化是把野生植物变成栽培作物的过程，经过驯化，栽培作物丧失了野生植物的不良特性，具备了种子易萌发、直立生长、籽粒或果实大、不落粒或不炸荚等丰产和适合管理的性状，使其在人工种植条件下单位面积产量显著提高。驯化过程涉及的复杂表型（有机体可被观察到的结构和功能方面的特性）往往是多基因作用的结果，随着高通量测序技术和生物信息学的快速发展，很多作物的参考基因组不断被公布，基因组学数据迅速积累。特别是全基因组测序等分析技术的出现，产生了大量可利用的基因组信息，促进了基于全基因组序列的作物比较基因组学和进化基因组学等学科的发展，为全面理解和诠释作物驯化历史及全基因组的遗传变异特征奠定了基础。

5. 种质创新

由于长期的驯化和遗传改良，当今的优良作物品种常遇到遗传基础变窄的瓶颈，迫切需要从外部导入新基因或引入新的变异。由于野生近缘种和地方品种的遗传多样性远远高于现代品种，因此，针对地方品种和野生近缘植物的种质创新研究已成为热点领域。目前，野生稻中蕴含着不少有可能用于水稻遗传改良的基因（如产量基因）。野生稻中的有利变异被广泛应用，基因组学方法起到了重要的推动作用。小麦地方品种和野生近缘物种是拓宽小麦遗传多样性的主要基因源。玉米栽培品种中蕴含丰富的遗传变异，因此，野生近缘种的利用相对较少，但也取得一些进展。中国是世界上保存野生大豆资源最多的国家，野生大豆具有高蛋白、多花多荚丰产特性、对病虫害和非生物逆境的环境适应能力和人类需求的特殊功能性状。

第五节　矿产资源清洁与循环利用科技

矿产资源是重要的自然资源，是人类经济社会发展的重要物质基础。据统计，人类95%以上的能源、80%以上的工业原料和70%以上的农业生产原料都来自矿产资源。其中，与人类经济社会发展密切相关的主要矿产有铁、铜、铝、铅、钾、硫、磷等45种，它们是目前公认的工业化过程中不可缺少的矿产。

矿产资源是保障国家经济健康发展的基础，随着我国经济的高速发展，对金属的需求不断扩大。急速膨胀的消费也给现有地、采、选、冶等各个环节带来了不同程度的压力和影响，进而引发了资源、能源、环境等方面的严重问题，成为制约我国社会和经济可持续发展的重要因素。

一、矿产资源清洁与循环利用的意义

虽然中国主要金属矿产储量大多数较丰富，但人均占有量不高。超大型和大型矿床比例很小，绝大多数为中小型，不利于规模化开采。矿石品位偏低，铜、铝土、铅、锌等多为贫矿，难选矿比例大。目前我国正处于工业化阶段，为适应国民经济增长的需要，近几年来金属材料需求量及产量以年均20%以上的速度增长。庞大的金属材料生产规模，在满足旺盛的金属材料需求的同时，也加速了不可再生性矿产资源的枯竭。

冶金工业是高耗能行业，仅钢铁工业的能耗就占全国工业总能耗的10%。我国由于矿产品位低、成分复杂及资源循环利用率低，从而使我国产品单位能耗比国际先进水平高15%以上。同时，冶金行业也是一个高污染行业，虽然近10年来我国冶金工业的环境保护和治理工作取得了巨大的进步，但排放污染物的总量依然不断持续上升，并且随工业废水排放的汞、镉、铅和铬等重金属数量也相当惊人，污染事件时有发生。

由此可以看出，我国冶金行业的发展受到资源、能源和生态环境的制约。为保证国家经济的可持续发展，开展资源清洁和循环利用是我国经济可持续发展的必然选择。在目前金属工业生产中，每生产1吨原生有色金属，平均需要开采矿石70吨，而利用再生有色金属，则可以节约能源85%~95%，降低生产成本50%~70%。以再生铜为例，其能耗仅为原生铜的16%；再生铝更低，仅为原铝的4%。所以没有任何一种新工艺、新设备能够像资源循环利用那样取得如此明显的效果。

二、矿产资源清洁与循环利用技术

自 20 世纪 90 年代以来,世界各国都十分重视二次资源中有色金属的高效提取和综合利用。美国和欧洲的发达国家都将资源的高效利用列入国家战略性高技术发展日程,大力支持资源的循环利用。我国在 20 世纪 80 年代就开始重视资源循环利用技术,但与国外相比仍有不小差距。欧美、日本等发达国家和地区多数金属的再生比例已经超过 50%,日本的铅、锌、钴、铟等金属的再生比例已经超过 98%,而我国多数在 20%~30%。国外成功开发了废紫铜直接制杆技术和装备以及富氧顶吹熔炼等先进技术,而且产业集约化程度较高。我国再生技术装备落后,在铅、锌、镍、钴、铝的再生方面缺乏低污染先进技术装备,存在二次污染等风险。

1. 铜循环回收利用技术

废杂铜回收一般包括两部分:一是企业在生产过程中产生的边角废料;二是报废的铜产品。2010 年我国再生铜产量占原生铜产量的 30%,约有 38% 的废杂铜进入铜加工行业直接做成铜制品,12% 进入熔炼铜精矿的转炉或阳极炉处理,50% 的废杂铜进入专门冶炼废杂铜的工厂或生产系统处理。

西班牙相关公司开发了用废杂铜生产"火法精炼高导电铜"工艺,用 92% 以上的废杂铜生产的铜杆质量可达到含铜量大于 99.93%,导电率大于 100.4% 的标准。针对国内废杂铜的特点,我国相关企业开发了针对性的熔炼炉工艺及设备。该技术主要处理含铜品位 90% 以上的废铜料,炉渣含铜可控制在 20% 左右。

2. 含铅物料循环利用技术

我国再生铅工业起步于 20 世纪 50 年代,原料来源较多,其中 85% 以上来自废铅酸蓄电池,少量来自电缆包皮、耐酸器皿衬里和铅锡焊料。近年来,随着我国对环境保护和资源循环的重视,我国再生铅行业取得了巨大的进步。例如,我国开发出了含铅物料富氧侧吹熔炼技术,该技术可将废铅酸蓄电池含铅组分与锌冶炼厂产出的锌浸出渣、铅银渣一起冶炼,也可将废铅酸蓄电池含铅组分与原生铅精矿合并冶炼，侧吹熔炼可产出 70%~80% 的粗铅，经电炉贫化后放出弃渣。

3. 含锌物料循环利用技术

锌的再生利用比其他有色金属的回收较困难。锌主要应用于冶金产品镀锌、干电池、氧化锌和压铸合金等，但这些锌都不易回收，而且回收率较低。国内再生锌的原料主要来自钢厂产生的含锌烟尘，但是目前只有少量工厂采用回转窑还原挥发工艺生产氧化锌，而且存在能耗高、污染大等系列问题。

我国开发出"锌灰磁化焙烧-磁选铁精矿-粗氧化锌生产电解锌"新工艺，使锌、铁等有价金属均得到利用，铁回收率大于 90%，锌回收率大于 93%。我国还开发了富氧侧吹熔炼技术和转底炉技术，该技术不仅可回收铁、锌等金属，还可充分利用其中的镍、铬等金属。

4. 电池二次综合回收技术

对于失效干电池的循环利用，尽管美、德、日、韩等国家开发出较成熟的处理工艺和技术设备，但西方国家仍多采用岩洞封存待处理或防渗水泥固化后填海造地，绝大多数未实现无害化处理。

韩国开发了用等离子体技术处理失效锌锰电池并回收其中的铁锰合金和金属锌的生产线，年处理失效锌锰电池数量达 6 000 吨。日本索尼公司和住友金属矿山集团合作开发了从失效锂离子电池中回收钴等有价金属元素的技术。其工艺为先将电池焚烧，以除去有机物，再筛去铁和铜，将残余的粉末溶于热的酸溶液中，然后萃取回收金属钴。

我国是世界上电池生产和消费的大国，锂离子电池中含有约 17% 的钴、15% 的铜和 0.5% 的镍，其所含的钴几乎是我国矿产钴平均含量的 850 倍。镍氢电池含有约 30% 的镍、4% 的钴及 10% 的轻稀土金属。镍镉电池含有约 20% 的镍、1% 的钴及 20% 的镉。失效电池的二次回收就相当于一座大型的有色金属矿山在等待着人们开发。我国相关机构在吸收有关工艺精髓的基础上，提出了失效干电池无害化处理的"一步法"工艺技术方案。失效电池经一步高温还原挥发，使电池中的锌、汞、镉及有机物在高温下分解或还原挥发，然后分步冷凝回收锌、汞、镉等，电池中的铁和二氧化锰则被熔炼成锰铁合金，具有投资省、操作成本和运行成本低、经济效益较好的特点。初步试验表明，该工艺技术经济可行。

5. **废高温合金综合回收技术**

近年来，我国高温合金的年产量在 5 000 吨以上，每年从各航空工厂等有关厂家产出的高温合金回收料数千吨。但是由于我国废高温合金回收料的再生利用还处于一个较低的水平，多数经过简单的分离后就以低品质的合金再次用到小企业中，难以实现保质再生，而且回收过程中污染比较大。

我国相关研究机构开发了废合金强化电解-合金组分调控再生技术、废合金高温分离镍钴-还原再生技术，以及废合金高温组分调控再生技术，实现了高温合金的直接利用。

6. **废催化剂循环回收利用技术**

由于催化剂在改变物质化学反应速率方面具有独特的作用，所以其应用也越来越广泛。石油化工工艺 90% 以上是催化反应过程，几乎所有的汽车都装有尾气催化剂。2010 年我国催化剂产量达到 84 万吨以上。由于催化剂长时间的使用，会发生老化，导致活性组分晶粒长大甚至发生烧结，部分会因中毒而丧失活性。

2004 年，美国 Sepra Met 公司在休斯敦建成了采用全湿法技术从汽车尾气废催化剂中回收铂族金属的工厂。先浸出催化剂中的铂、钯、铑，再用不同的分子识别材料分离浸出液中的铂、钯、铑。浸出液中铂、钯的回收率约为 99%，铑的回收率大于 98%。

针对含镍、钴、钼、钒系列废催化剂，国内进行了大量研究，建设了规模不等的小型冶炼厂。国内相关研究院开发了镍钴系列催化剂直接成分再生技术；钼系列催化剂直接升华技术；催化剂造渣技术，实现了金属与载体的分离。同时还对含铂族金属二元、三元废催化剂的再生利用进行了大量研究，取得了一定成果，铂、钯、铑的浸出率分别达到了 98%、99%、96%。

相关政策

资源循环利用基地

2017年11月,国家发展和改革委员会、财政部、住房和城乡建设部联合发布的《关于推进资源循环利用基地建设的指导意见》(以下简称《意见》)提出,到2020年,在全国范围内布局建设50个左右资源循环利用基地,基地服务区域的废弃物资源化利用率提高30%以上,探索形成一批与城市绿色发展相适应的废弃物处理模式,切实为城市绿色循环发展提供保障。

《意见》指出,资源循环利用基地是对废钢铁、废有色金属、废旧轮胎、建筑垃圾、餐厨废弃物、园林废弃物、废旧纺织品、废塑料、废润滑油、废纸、快递包装物、废玻璃、生活垃圾、城市污泥等城市废弃物进行分类利用和集中处置的场所。基地与城市垃圾清运和再生资源回收系统对接,将再生资源以原料或半成品形式在无害化前提下加工利用,将末端废物进行协同处置,实现城市发展与生态环境和谐共生。

《意见》认为,资源循环利用基地是新型城市建设的功能区,是破解垃圾处置"邻避效应"的主要途径之一,是明显提高城市资源利用效率的重要方式。要全面贯彻党的十九大精神,按照生态文明建设的总体要求,坚持政府引导和市场推动相结合、分类回收与终端处置相结合、统筹规划与分步建设相结合,着力技术创新和制度创新,推动建设一批高环保标准、高技术水准的废弃物综合处置示范基地,弥补城市绿色发展短板。

第六节 深部和隐伏矿产资源科技

我国经济的快速发展对各类矿产资源的需要越来越大,现有矿山的资源供应已经满足不了目前的需求量,已有部分矿山资源消耗过度,危机矿山日益增多。目前矿产勘查工作的重点是寻找新的接替资源,勘查对象不再单纯是浅部矿,而是开始关注深部矿。

浅部矿和深部矿最主要的区别方法是根据矿床现阶段的埋深。各国的经济科技发展水平不同，所以对浅部矿与深部矿的划分标准不一。国外矿业大国对矿床的勘查技术水平已经相对成熟，开采深度有的达到了地下 4 000 余米，而我国目前对金属矿山的探采深度一般在 500 米以浅。根据我国的开采水平及实情，探采深度在 500~2 000 米则为深部矿远景区。

一、深部和隐伏矿产资源勘探进展

近年来，国内外深部找矿成效明显，直接证明了深部找矿的巨大潜力。国外对深部找矿十分重视，深部找矿理论和技术方法日趋成熟。政府的强力支持，矿业企业的高强度投入，基于成矿理论建立的矿床模型的指导，新技术、新方法的联合探测，综合信息的提取，大密度的工程施工是深部找矿成功的关键。

国外在深部发现了数十个大型、超大型隐伏矿床，如加拿大 Sudbury 铜镍矿的勘探深度已达 2 430 米，南非 Western Deep Level 金矿的勘探深度达到 4 000 米以下。

国内深部找矿也有所突破，安徽庐江泥河铁矿在 675~1 096 米深处见到较大厚度铁矿体。辽宁本溪桥头铁矿在 1 279 米深处开始见到铁矿体。辽宁红透山铜矿勘探深度达 1 300 米。据专家预测，山东省莱州市寺庄金矿在 500~1 500 米的第二找矿空间尚有 2 000 吨以上的找矿潜力。

近年来，我国在深部找矿勘探的实践中，在第二深度空间已发现且还在不断发现大量的大型、超大型矿床和多金属矿集区，这不仅大大缓解金属矿资源的对外依存度，而且还能在共享世界资源的同时，立足本土，为建设起安全、稳定和长期供给的战略后备基地打下坚实的基础。

二、深部矿的勘查技术方法

当今人类尚无法直接目睹地下深部的物质成分与地质结构，深部矿本身的特点决定了其勘查的难度，传统的勘查方法因技术方面的缺陷，对深部矿的寻找难以胜任。因此,对新勘查技术在探测深度、探测精度、灵敏度三方面提出了新要求,即探测深度要能穿透位于深部矿之上的覆盖层、探测精度的识别能力更强、灵敏度要胜任提取微弱信息的能力。

新兴技术方法对勘查深部矿起到首要作用。已经得到推广使用的物探新方法包括大功率瞬变电磁法、大地电磁法、金属矿地震法、可控源音频大地电磁法等。这些技术方法的勘查深度能达到几百甚至几千米,探测仪器向轻便化、智能化发展,观测精度、分辨率大大提高。化探新方法具有探测深度大、识别异常能力强、检出限低等特点,主要有活动金属离子法、电地球化学方法、酶提取方法、金属活动态测量方法等。

此外,科技的高速发展对各个领域的开发也起到了推进的作用。地质方面的发展得益于卫星遥感技术迅速发展,遥感技术已应用于地质考察,且应用范围日益广泛,可以迅速定位隐伏岩体和深大断裂,根据综合矿化信息圈定成矿远景区等;超深钻技术的发展与应用更是可探及地下数千米的范围,但是超深钻价格昂贵,仍未全面应用,目前只用于验证阶段。

典型案例

我国形成 2 000 米深部矿产资源勘探技术体系

2018 年 6 月 28 日,"十二五"期间国家"863"计划资源环境技术领域重大项目"深部矿产资源勘探技术"在北京通过验收,标志着我国深部(2 000 米)矿产勘查技术体系全面形成。

拓展深部资源是国际矿产资源勘查大趋势,我国资源勘查也正向深部转移。科技部于 2014 年启动了"863"计划资源环境技术领域重大项目"深部矿产资源勘探技术",联合自然资源部、教育部等所属的 9 家单位进行联合攻关,以提高深部资源探测技术的深度、精度、分辨率和抗干扰能力为目标,重点研发大功率电磁探测、分布式遥测地震探测、高精度重磁探测方面急需的技术和装备,全面突破 2 000 米矿产资源勘探技术,形成从地面到地下,从结构探测到物性探测,适应复杂地质条件的立体探测技术系统。

历时4年，重大项目在关键技术攻关、仪器设备研发与完善、地球物理方法创新和软件研制等方面取得进步，攻克了高精度微重力传感器、铯光泵磁传感器等10项深部资源探测核心技术，研发了18种我国深部矿产勘查急需的地球物理和钻探装备，完善了时空阵列（广域）电磁探测等20项勘探地球物理方法。自主研发的仪器设备经实际应用多数达到实用化水平，其中高灵敏度、宽屏带电磁传感器性能达到国外同类产品水平；具备自主知识产权的高精度数字重力仪实现了商品化；动态激发核磁共振磁传感器和铯光泵磁传感器核心技术取得重大突破，研制成功两型磁力仪样机。项目突破了2 000米以浅矿产资源勘探方法、技术、装备障碍，为我国向地球深部进军、实现深部矿产勘探突破打造了一双"透视眼"，大幅提高了我国深部资源勘查技术研发能力，提升了国际竞争力，为未来拓展深部资源，保障国家资源安全提供了有力的技术支撑。

思考题

1. 水资源科技发展有什么特点？
2. 21世纪以来生物质能源及能源植物领域主要有哪些发展趋势？
3. 20世纪中叶以来矿产资源科技有哪些重要进展？矿产资源科技发展主要有哪些热点领域？
4. 试述对特殊生物种质资源开展保护有哪些重要意义。
5. 资源的时空分布具有显著的全球不均一性，在资源开发与利用上如何统筹考虑国内国际两个市场？

第八讲
空间科技

探索宇宙，遨游太空，一直是人类的伟大梦想。从远古"嫦娥奔月"的美好传说，到1969年美国宇航员阿姆斯特朗登上月球，在空间科技发展支撑下，人类的空间梦想正逐步成为现实。空间科技是与宇宙空间相关的综合科技，以空间技术为基础和手段，以空间自然现象为研究对象，以探索宇宙奥秘和生命起源、开发和利用太空为目标。1957年第一颗人造卫星发射成功，开创了空间科技的新纪元，人类从此进入空间时代。在过去60多年里，空间科技在空间科学、技术和应用各方面均取得了重大进步，21世纪空间科技已成为国际竞争的制高点。

第一节 空间通信与导航

一、空间通信

1. 通信卫星

卫星信号可以跨越长距离，覆盖全球各个角落，从而使现代通信产生了极大的飞跃，卫星技术被广泛用于固定通信、移动通信、电视直播、音频广播和数据中继等多方面。卫星通信具有通信覆盖区域大、通信距离远的特点，比如位于地球同步轨道上的通信卫星，能实现1万多千米的远距离中继通信，可覆盖全球表面的42.4%，用均匀分布在地球同步轨道上的3颗卫星就可以覆盖除纬度76°以上的两极地区以外的全球表面及临地空间。

历经多年发展，通信卫星已经成为迄今为止发射数量第二、在轨数量第一的航天器，各国均将通信卫星视作关键的通信基础设施来建设，并广泛应用于军事、国防、经济与社会发展等领域。目前，通信卫星的技术已相对成熟，可提供100多种信息通信业务。以国际通信卫星系统为例，其业务活动效益每年达100亿美元。

从在轨能力与规模来看，美国、欧洲和俄罗斯仍然是国外通信卫星领域的前三强，日本、印度也都具有独立发射通信卫星的能力。

国际上经营卫星固定通信业务的企业大致有30余家。众多卫星分布于各自轨道位置，覆盖地球赤道南北各个服务区。服务区内用户根据各种业务（音频、视频、数据、多媒体）需要，组成各种通信网络，使用各种体制和标准的地球站通过以上卫星进行通信。提供全球覆盖的卫星移动通信系统有国际海事卫星系统、国际卫星通信系统；提供区域覆盖的卫星移动通信系统有北美移动卫星系统、亚洲蜂窝卫星系统、瑟拉亚卫星系统；提供国内覆盖的卫星移动通信系统有日本卫星系统和澳大利亚卫星系统等。

数据中继卫星是用于转发地球站对中低轨道航天器的跟踪测控信号和中继航天器发回地面信息的地球静止通信卫星。美国1983年发射了第一颗TDRS-1，开创了天基测控新时代。目前，美国跟踪与数据中继卫星系统（TDRSS）的空间部分由地球同步轨道上的6颗在轨中继星组成，曾为12种以上的各种中、低轨道航天器提供跟踪与数据中继业务，包括著名的哈勃望远镜。2013年发射的TDRS-K（TDRS-11）是美国第三代TDRS卫星中第一颗发射升空的。我国从20世纪80年代初期就开始开展中继星相关技术的研究，并在"九五"期间开展了一系列的预研工作。2008年4月，我国首颗数据中继卫星"天链一号"01星发射成功，又于2011年7月和2012年7月相继发射了"天链一号"02星和03星，并成功地实现了"天链一号"卫星准全球组网运行，标志着我国第一代中继卫星系统正式建成，我国由此成为世界上第二个拥有准全球覆盖能力的地球同步轨道中继卫星系统的国家。另外，除了正在运行的"天链一号"之外，我国下一代数据中继卫星系统正在紧锣密鼓地推进之中。

2. 空间通信的未来

（1）互联网卫星星座

20世纪90年代以来，特别是在智能移动终端功能日渐丰富、成本不断降低、各类应用蓬勃发展的今天，建设融语音、数据、视频为一体，覆盖广泛、经济实用的互联网，成为世界各国为推动经济增长而大力构建的重要基础设施。2015年，在谷歌（Google）等互联网巨头的推动和支持下，一网公司（OneWeb）、太空探索技术公司（SpaceX）、三星公司（Samsung）、低轨卫星公司（LeoSat）等多家企业提出打造由低轨小卫星组成的卫星星座，为全球提供互联网接入服务，在短期内迅速聚集了人气，引发了全球强烈关注。

目前，卫星互联网虽然还处于发展的初级阶段，但非常活跃，很多互联网企业都积极介入。从2014年年底至今，全球范围内至少提出了6个大型低轨卫星星座项目，其中最具代表性的主要有3个，分别是O3b公司提出的

OneWeb 系统、SpaceX 计划打造的 STEAM 互联网星座以及 LeoSat 公司的低轨卫星系统。

典型案例

全球卫星互联网计划

2019 年 5 月 24 日，SpaceX 公司的"猎鹰 9 号"火箭将 60 颗 Starlink 卫星发射升空，这被认为是马斯克迈出了卫星互联网计划的第一步。

Starlink 星座将提供互联网服务。此次发射的 Starlink 卫星每颗重量约为 227 千克，会首先部署于 440 千米的轨道高度，此后卫星将利用自身的推进器达到 550 千米的轨道高度。SpaceX 计划通过 Starlink 星座提供高速度、低延迟的互联网服务，有效减少当下向农村和难以到达区域提供高速互联网的挑战。届时，互联网用户无论身处城市还是农村，卫星都可以"看到"他们，而将农村用户添加到卫星网络的成本远低于添加到地面蜂窝网络的成本。

按照计划，Starlink 星座共包括近 1.2 万颗卫星，目前，美国联邦通信委员会已经批准 SpaceX 在近地轨道（LEO）发射 4 425 颗通信卫星，并在更低高度的近地轨道（VLEO）上发射 7 518 颗卫星。埃隆·马斯克希望这近 1.2 万颗卫星能够承载所有互联网流量的一半，SpaceX 则从收取相关的服务费中获利。

（2）天基激光通信

天基激光通信是指以激光束作为信息载体，利用卫星平台[①]开展星间（卫星—卫星）和星地（卫星—地面）点对点通信。天基激光通信研究始于 20 世纪 70 年代，并一度引发研究热潮，但囿于当时激光光源和探测技术能力的不足，以及随后光纤激光通信的兴起，天基激光通信的发展陷入低谷。近年来在关键系统和相关技术取得长足进步的推动下，天基激光通信研究再次获得快速发展。

[①] 包括低地球轨道（LEO）卫星、地球同步轨道（GEO）卫星以及深空航天器等。

与目前天基通信采用的射频通信系统相比，激光通信具有频率高、带宽大，可实现海量数据实时传输；激光方向性好，抗干扰和截获能力强，安全性好；通信终端体积小、质量轻、功耗低等诸多优点，发展前景广阔。近年来，美国、欧洲航天局（ESA）各成员国、日本等都对空间激光通信技术极其重视，投入大量人力、物力进行空间激光通信实验装置的开发，并对空间激光通信系统所涉及的各项技术进行了全面深入的研究。

近年的天基激光通信项目涵盖了星间、星地和深空通信等多种形式，这些以演示验证为主要目的的任务有力推动了相关技术的快速发展，产生了多项重要突破，部分成果已开始向实用化转移。

由于空间中没有大气导致的激光信号衰减，因此两颗卫星间的激光通信比较容易实现，低轨道星间激光通信已经相当成熟。

由于大气信道对激光的衰减作用，星地激光通信变得困难。近年的星地激光通信任务均为 LEO—地面通信。例如，2006 年日本光学轨道间通信工程试验卫星在距地 600 千米高度与日本地面站实现了世界上首次 LEO—地面双向激光通信。2009—2011 年，德国 TerraSAR-X 和美国 NFIRE 卫星，以及我国的量子科学实验卫星分别多次与光学地面站开展了速率大于 5 吉比特/秒的星地激光通信实验，并研究了大气扰动对通信的影响。

激光通信链路向深空拓展面临着更大挑战，最主要的问题就是链路距离过长。美国国家航空航天局（NASA）近期在深空激光通信方面取得了重大进展。2013 年 1 月，美国研究人员利用激光将达·芬奇的名画《蒙娜丽莎》的电子版从地面站传输到绕月飞行的月球勘测轨道飞行器上，在人类历史上首次实现星际间图像数据的激光传输，验证了深空天基激光通信技术的可行性。

2018 年，我国新一代高轨技术试验卫星"实践十三"号搭载的拥有自主知识产权的激光通信终端，成功进行了国际首次高轨卫星对地高速激光双向通信试验，标志着我国在空间高速信息传输这一航天技术尖端领域走在了世界前列。

二、导航卫星

导航卫星是指为地面及低轨道提供定位、授时服务的卫星星座。其定位的原理是利用每一颗导航卫星的精确位置和连续发送的星上原子钟生成的导航信息，获得从卫星至接收机的到达时间差，再根据多球面定位的方法确定用户位置。

卫星导航系统可谓是当前最成功的航天应用，在经济、国防、航天等领域发挥着至关重要的作用。目前，美国的全球定位系统（GPS）已十分成熟并进入第三代建设中，我国的北斗导航系统（BDS）将于2020年完成全球组网，俄罗斯的全球导航卫星系统（GLONASS）和欧洲的伽利略导航卫星系统（Galileo）已见雏形并开始区域性应用，正在逐步覆盖全球。

1. 美国全球定位系统

全球定位系统是美国开发的卫星导航系统，于1993年正式运行，具有全球覆盖、连续工作（全天候）、高精度的特点。GPS由空间段、地面监控段和用户段三部分组成。在空间段，为保持GPS的运作，至少要有24颗卫星在轨运行。截至2016年3月，GPS星座共有31颗卫星在轨运行。在地面监控段，GPS的运行控制包括3个主要子系统，即1个主控站、4个地面天线网络和全球分布的监控站网络。

2. 俄罗斯全球导航卫星系统

俄罗斯的全球导航卫星系统从20世纪70年代开始建设，于1996年正式运行。GLONASS也由空间段、地面监控段和用户段三部分组成。在空间段，为保持GLONASS的运作，至少要有24颗卫星在轨运行。截至2016年1月，GLONASS系统星座共有29颗卫星。GLONASS地面监控段包括1个控制中心、1个同步中心和若干遥测、跟踪控制站和监测站。2010—2015年间，GLONASS的精度有了大幅提升，目前空间信号平均定位精度为2.8米。

3. 欧洲伽利略导航卫星系统

伽利略导航卫星系统是欧洲第二代全球导航卫星系统，由欧盟和欧洲航天局合作开发，旨在提供高精度的全球定位保障服务，并与 GPS 和 GLONASS 系统实现兼容与互通。伽利略导航卫星系统也由空间段、地面监控段和用户段三部分组成。在空间段，完整的 Galileo 星座系统将包括 30 颗卫星，其中 24 颗卫星为工作星，6 颗为备份星。Galileo 地面监控段包括 2 个控制中心、1 个由 16 个传感器站组成的全球网络、6 个卫星跟踪指挥站和 5 个任务上行站。Galileo 计划分为两个阶段：在轨验证阶段和完全工作能力阶段，于 2020 年完成全面部署。

4. 中国北斗卫星导航系统

中国北斗卫星导航系统是中国自行研制的全球卫星导航系统，是继 GPS、GLONASS 之后第三个成熟的卫星导航系统。北斗卫星导航系统由空间段、地面段和用户段三部分组成，可在全球范围内全天候、全天时为各类用户提供高精度、高可靠的定位、导航、授时服务，并具有短报文通信能力，已经初步具备区域导航、定位和授时能力。

典型案例

北斗三号基本系统完成建设

在 2018 年 12 月 27 日下午举行的国务院新闻办公室新闻发布会上，中国卫星导航系统管理办公室主任、北斗卫星导航系统新闻发言人宣布：北斗三号基本系统完成建设，于今日开始提供全球服务。这标志着北斗系统服务范围由区域扩展为全球，北斗系统正式迈入全球时代。会议同步发布新版北斗公开服务性能规范（2.0 版）。经全球范围测试评估，北斗系统服务性能为：定位精度水平 10 米、高程 10 米（95%置信度）；测速精度 0.2 米/秒（95%置信度）；授时精度 20 纳秒（95%置信度）；系统服务可用性优于 95%。其中，亚太地区，定位精度水平 5 米、高程 5 米（95%置信度）。包括"一带一路"国家和地区在内的世界各地，均可享受到北斗系统服务。到 2020 年，将继续发射 11 颗北斗三号和 1 颗北斗二号卫星，进一步提升系统服务性能；2035 年还将建成以北斗为核心，更加泛在、更加融合、更加智能的综合定位导航授时（PNT）体系。

第二节　空间对地观测

空间对地观测是指通过在空间对地表开展观测，利用可见光、红外、高光谱和微波等多种探测手段，获取气象、海洋、环境、资源、军事目标等各种信息，从而为经济建设、科学研究和军事活动服务。视用途不同，对地观测卫星可分为资源、气象、海洋及军事侦察卫星等。

对地观测技术因其在军事、国民经济建设等领域的广泛应用前景而受到世界各国的重视。早期对地观测技术的研究与应用主要是在军事领域，以军事侦察和大比例尺制图为目的。20世纪90年代以后，随着经济社会的发展，高分辨率对地观测逐渐进入民用领域，并迅速地发展起来。21世纪以来，对地观测技术已进入以高分辨率、高精度、全天候信息获取和自动化快速处理为特征的新时期。

从载荷实现技术来看，地球观测技术分为光学遥感、微波遥感、重力遥感、磁场遥感等几类，但主要还是基于光学遥感或微波遥感技术以及两者的结合。近年来，高分辨率光学对地观测卫星的发射数量已占地球观测卫星发射总数的约40%，而且其有效占比有继续增加的趋势。

从用途来讲，高分辨率对地观测卫星可以划分为军用和民用两类，两者在原理上并无二致，主要区别体现在卫星所使用的谱段和对地面分辨率要求上的差异。军用遥感卫星主要在可见光或近红外谱段成像，分辨率优于1米。一般军用遥感卫星运行在低轨道上以便获得更高的分辨率，只有少数用于普查的军用遥感卫星为了提高时间分辨率，而选择较高的运行轨道，但也使得卫星的空间分辨率有所减弱。与之相比，民用遥感卫星则主要聚焦多光谱成像，以便识别地面各种特征，其分辨率高低参差不齐，但其总体水平普遍在军用卫星之下。

美国作为世界航天强国，在空间对地观测领域占据着明显的领先地位，虽然面临着诸多国家后发的强劲竞争，但保持领先地位仍是美国制定遥感政策的主要指导方针。

2007年，美国国家研究委员会发布《地球科学与空间技术应用：国家未来十年及以后更长时间的紧迫任务》报告，全面阐述了美国空间环境观测取得的成绩、地位和面临的挑战，强调了空间观测对于天气、气候变率和变化、水资源和全球水文循环以及人类健康安全等的重要性。2013年，美国白宫科技政策办公室（OSTP）发布《民用对地观测国家战略》，为联邦政府评估对地观测系统提供政策框架和方法，定义了其中可产生社会效益的领域，作为数据管理指导方针，推动数据管理框架并改善对地观测数据的信息传输系统。2014年，OSTP发布《民用对地观测国家计划》，这是美国首个针对民用对地观测的国家级计划，确立了推进美国民用对地观测能力的优先事项和配套措施。

目前，美国高分辨率光学卫星在技术与应用方面处于世界领先地位。锁眼系列与天基红外系统卫星主要用于军事目的，KH-12卫星的地面分辨率（全色）达到了0.1米甚至厘米级。在低轨高分光学星中，数字全球星座卫星（QuickBird-2、GeoEye-1、WorldView-1/2/3）是主要的商业遥感卫星，地面分辨率（全色）可达0.31米。此外，WorldView-3还可以对云、气溶胶、水汽、冰、雪进行特征观测，分辨率为30米。地球静止轨道高分光学星处于研制之中，设计分辨率（全色）为1米。在军用高分辨率雷达成像遥感卫星领域，美国"长曲棍球"卫星技术数一数二，其分辨率达0.3米。该卫星的设计特点是装有巨大的合成孔径雷达天线和太阳能电池帆板，卫星装载的高分辨率合成孔径雷达能以多种波束模式对地面目标成像，使"长曲棍球"卫星不仅能全天候、全天时工作，还可以发现伪装的武器和识别假目标，甚至能穿透干燥的地表，发现藏在地下一定深度的设施，并对活动目标有一定跟踪能力。此外，美国也高度关注小卫星星座与纳卫星/立方星星座的研发与应用。美国国防部高级研究计划局（DARPA）于2018年启动"黑杰克"低轨星座项目，旨在充分利用美国商业低成本卫星平台，在130~500千米的轨道高度构建60~200颗规模的微卫星星座，自主运行30天，实现全球连续覆盖，并与商业星座协同工作,增强系统抗毁能力。

俄罗斯遥感卫星的发展受到国家经济转型的影响,由于资金长期不足,遥感卫星系统发展缓慢,卫星发射频率大幅降低,甚至全时遥感系统一度停止运行。随着航天发展战略的不断调整,俄罗斯目前正在构建多系统、多轨道的综合对地观测卫星体系,应用于北极观测、灾害监测、雷达观测、国家测绘、国土资源等多个方面。2016年3月,《俄罗斯联邦2016—2025航天计划》规定:至2025年,在轨地球遥感卫星数量将由8颗(2015年)增加至23颗;减少俄罗斯对国外空间数据的依赖;履行全球水文气象观测领域的国际义务;提高俄罗斯全境遥感更新频率,超高分辨率遥感由每2~3年1次提高至每年1次,高分辨率遥感由每1~2年1次提高至每年2~3次,中分辨率遥感由每年2~3次提高至每年6~8次,低分辨率遥感由每月1次提高至每7天1次。

目前,欧洲在对地观测方面正在实施"哥白尼计划"(原称"全球环境与安全监测计划",于2012年12月11日更名)这是由欧盟委员会领导,欧洲各国和欧洲航天局(ESA)共同参与建造的一体化综合对地观测系统,旨在通过对欧洲及非欧洲国家(第三方)现有和未来的卫星数据及现场观测数据进行协调管理和集成,实现环境与安全的实时动态监测,保证欧洲的可持续发展,提升国际竞争力,提供陆地监测、紧急情况管理、大气监测、海上环境监测、气候变化和安全6个方面的服务。"哥白尼计划"的空间段包括两种卫星任务类型:一种是ESA的专用"哨兵"任务,另一种是其他航天机构的特约任务。其中,"哨兵"任务主要负责雷达和对地多光谱成像、海洋及大气监测。"哨兵"任务运行期间,特约任务将提供补充数据,以满足大范围观测需求。目前及未来计划中将有来自ESA、欧洲各成员国、欧洲气象卫星应用组织和国际第三方的30个特约任务,包括合成孔径雷达监测、光学遥感、雷达测高和大气监测四种任务类型,这些任务数据将为"哥白尼计划"提供支持。

以色列的对地观测卫星以小巧玲珑为特点,最先进的地平线10号小型光学成像遥感卫星分辨率达 0.5 米，其高分辨率合成孔径雷达（SAR）工作在 X 波段（中心频率 9.59 GHz），其宽测绘带扫描模式下分辨率为 8 米，聚束模式分辨率优于 1 米，带条模式成像沿飞行方向分辨率为 3 米，镶嵌模式下获取多个目标区域画面，组合形成给定区域的一幅较大图像，分辨率可达 1.8 米。

日本在地球观测方面一直处于积极状态。它有世界上最先进的海洋观测设备，能够获得高质量的观测数据。自 1983 年发射第一颗海洋观测卫星 MOS-1 号后，日本的人造卫星遥感观测技术一直处于世界领先地位。除此之外，日本在地面观测、冰雪观测以及利用飞船进行大气观测等方面也处于世界领先地位。

我国在发展高分辨率对地观测卫星方面起步晚了几十年，但较高的起点使我国在技术上掌握了主动权。我国"高分一号"为光学成像遥感卫星，分辨率为 2.5 米；"高分二号"也是光学遥感卫星，但全色和多光谱分辨率都提高了一倍，分别达到了 1 米全色和 4 米多光谱；"高分三号"的分辨率为 1 米；"高分四号"为地球同步轨道上的光学卫星，全色分辨率为 50 米；"高分五号"不仅装有高光谱相机（分辨率约为 10 米），而且拥有多部大气环境和成分探测设备，如可以间接测定 PM2.5 的气溶胶探测仪；"高分六号"的载荷性能与"高分一号"相似；"高分七号"则属于高分辨率空间立体测绘卫星；"高分八号"卫星主要应用于国土普查、城市规划、土地确权、路网设计、农作物估产和防灾减灾等领域，可为"一带一路"建设等提供信息保障。"高分九号"光学遥感卫星的分辨率达到亚米级。"高分"系列卫星覆盖了从全色、多光谱到高光谱，从光学到雷达，从太阳同步轨道到地球同步轨道等多种类型，构成了一个具有高空间分辨率、高时间分辨率和高光谱分辨率能力的对地观测系统。可以说，我国的高分辨光学遥感卫星已接近国际先进水平。

第三节　载人航天与空间站

载人航天器是指往返地球表面和太空之间，可运送人员和有效载荷、提供宇航员居住和工作环境的航天器。载人航天器按功能的不同可分为载人飞船、航天飞机、空间站三类。

一、载人飞船

载人飞船是指小升阻比的载人舱，它必须用火箭发射，在轨运行后经过制动，沿弹道式或半弹道式（升阻比一般小于0.5）弹道穿过大气层，用降落伞和小推力火箭制动软着陆。载人飞船既可作为天地往返运输工具，也可作为空间站机组人员的应急救生航天器。

载人飞船主要由结构、姿态控制、轨道控制、无线电测控、电源、返回着陆、生命保障、仪表照明、数据管理、热控制和应急救生11个分系统组成。

美国的"水星""双子星座""阿波罗""猎户座"系列，苏联/俄罗斯的"东方""上升""联盟号"系列和我国的"神舟"系列飞船均为载人飞船。

以"猎户座"飞船为例，它由服务舱、乘员舱、发射中止系统（LAS，也叫异常中断系统或逃逸塔）以及飞船适配器组成，重约23吨，直径约5米。其加压舱容积约为19.5立方米，可居住容积为8.9立方米。并且，"猎户座"飞船采用太阳能电池翼供电，功率大、行动时间长。在特点方面，一是它既可飞往空间站，也能飞往月球、小行星或火星，而目前使用的载人飞船都是单一用途的；二是可以重复使用，目前的载人飞船都是一次性使用的，而"猎户座"飞船可重复使用10次左右，因此能大大降低成本；三是运载能力增加，"猎户座"飞船每次可以运送4~7人，而目前的载人飞船每次最多可运3人；四是采用两舱构型，这样能降低成本，提高可靠性。

2019年3月2日，太空探索技术公司（SpaceX）使用旗下的"猎鹰9号"火箭将同为该公司研发的第二代"载人龙"（Crew Dragon）飞船送入太空，执行首次无人演示任务。在发射的27小时后，"载人龙"飞船成功自主对接国际空间站。本次任务是"载人龙"飞船的首次升空发射，同时也是一次全状态试飞，除不搭载航天员外，飞船各项配置与载人状态一致。3月8日飞船成功返回地球，并落入预定海域，SpaceX 回收飞船后将进行翻修，并开展后续测试，证明其具备全程逃逸能力。若以上试验顺利，则预计于 2020 年由全新生产的"载人龙"飞船执行首次正式载人发射。"载人龙"飞船为两舱设计，分为返回舱（加压舱）和非加压舱，为尽可能复用飞船设备，大部分设备集中于返回舱。非加压舱部分仅设置有体装式太阳能电池板。飞船采用人、货通用设计，载人版可用于国际空间站或未来商业空间站的近地轨道载人往返服务，经货运化改装后也可以用于无人货运任务。飞船默认设置有 4 个座位，后排可增设 3 个座位，最多承载 7 人，与航天飞机和波音的"星际线"飞船乘员数一致。

二、航天飞机

航天飞机是可重复使用的、往返于地球表面与近地轨道之间，运送有效载荷和人员的航天器。航天飞机一般用固体火箭助推入轨，在轨道上像飞船一样运行，完成多种航天任务，再入大气层时像飞机一样滑翔着陆。

美国的"哥伦比亚"航天飞机于 1981 年 4 月 12 日首次轨道试飞成功。1991 年苏联对"暴风雪"航天飞机进行了成功的无人飞行轨道试飞后，由于经费短缺等原因而使计划终止。

1986 年 1 月，"挑战者"航天飞机在升空时因固体助推器 O 形密封环失效，凌空爆炸，7 名航天员罹难。2003 年 2 月，"哥伦比亚"航天飞机在再入大气层过程中解体，又有 7 名航天员遇难。这两次事故不仅使美国失去了两架航天飞机和 14 名航天员，更重击了民众对航天飞机安全性的信心，加之航天飞机本身发射费用昂贵，缺乏逃逸设计，而机体日益老化又导致翻修费用居高不下，NASA 最终只能将全部航天飞机提前退役。2011 年 7 月 21 日，"亚特兰蒂斯"航天飞机在肯尼迪航天中心安全着陆，长达 30 年的航天飞机时代正式宣告终结，退役后的几架航天飞机陆续进入博物馆供人瞻仰。

三、空间站

空间站是在近地轨道上运行的有人居住的航天器，它可以是小型的空间实验室，也可以是具有加工生产、对天对地观测及星际飞行转运等综合功能的大型空间轨道基地。空间站从总体方案方面可分为三个主要类型，即单模块空间站、多模块组合空间站和一体化组合空间站。

单模块空间站是间断的、短期有人照料的空间基础设施。它除了有保证航天员生活的带有生命支持系统的增压舱以外，还必须带有推进系统、制导与控制系统、交会对接系统、电源系统、对地通信与指令系统等全部维持在轨独立运行所需的基本系统。单模块空间站是由火箭一次发射入轨即可运行的空间站，如苏联的"礼炮号"空间站、美国的"天空实验室"以及我国的"天宫一号""天宫二号"等都是单模块空间站。

多模块组合空间站是通过各舱对接组合而成的空间站。每个舱段都有独立的电源及控制系统，其目的是为了在其被发射入轨后进行变轨、导引及交会对接。多模块组合空间站的缺点是增加了每个舱段的复杂性，优点是在空间站组合连接以后，这些系统可以起到冗余作用，增加了空间站运行的可靠性。俄罗斯的"和平号"空间站即是多模块组合空间站的典型例子。

一体化组合空间站是在一个基础框架结构（或称龙骨结构）上安装实验舱、生活舱、太阳帆板、移动式机械臂搬运系统、暴露设施乃至转运发射设施的大型空间站。这种空间站有统一的服务设施，集中供电、供气、散热，具有统一的姿控系统和交会系统，使每个组成模块的功能单一化，提高了全站的效率。

"国际空间站"是目前唯一在轨建造的空间站，由美国国家航空航天局、俄罗斯联邦航天局、欧洲航天局、日本宇宙航空研究开发机构、加拿大航天局和巴西航天局等16个国家和地区的航空航天机构联合研制，是迄今为止世界上最大的航天工程。1998年11月20日，俄罗斯"曙光号"功能货舱作为"国际空间站"的第一个组件发射升空，2009年5月最后一个模块装配完毕，2010年完全竣工完成建造任务。站上集中了世界主要航天大国的各种先进设备和技术力量，为人类在近地轨道开展系统的空间科学与应用实验、载人登月和探索火星提供了一个理想的平台。

早在20世纪90年代,我国载人航天工程就确立了"三步走"发展战略,确立了以建立空间站为目标的航天计划。按照计划,我国载人空间站工程以空间实验室为起步和衔接,按空间实验室和空间站两个阶段实施。2010年,我国载人空间站工程研制工作正式启动。2016年9月15日,"天宫二号"空间实验室成功发射,这是我国第一个真正意义上的太空实验室,也开启了空间应用的崭新阶段。在轨期间,"天宫二号"空间实验室相继与"神舟十一号"载人飞船、"天舟一号"货运飞船成功实施交会对接,并开展了一系列航天医学、空间科学实验和空间应用技术试验。2016年10月17日,"神舟十一号"载人飞船载着航天员景海鹏、陈冬冲入太空,19日凌晨,"神舟十一号"与"天宫二号"空间实验室交会对接。组合体飞行期间,相继开展了一系列体现国际科学前沿和高新技术发展方向的空间科学与应用任务,并创下了为期33天的载人飞行记录,这也是我国迄今为止持续时间最长的载人飞行。2017年4月20日,"天舟一号"货运飞船"零窗口"成功发射,验证了空间补给、推进剂在轨补加等一系列关键技术,载人航天工程空间实验室阶段任务完美收官。

下一步,我国计划在2022年前后初步完成空间站建设,研制并发射核心舱和实验舱,在轨组装成60吨级的载人空间站,突破和掌握近地空间站组合体的建造和运营技术、近地空间长期载人飞行技术并开展较大规模的空间应用。中国空间站基本构型为T字形,由3个22吨级舱段组成,核心舱居中,实验舱Ⅰ和实验舱Ⅱ分别连接于两侧。核心舱前端设前向、径向(对地)两个对接口,接纳载人飞船对接和停靠;后端设后向对接口,作为货运飞船补给端口。站上设气闸舱用于航天员出舱,配置大小两个机械臂用于辅助对接、补给、出舱和科学实验。在该空间站运营阶段,还将发射第2个核心舱进行前向对接。最终整站形成十字构型,并具备进一步的舱段扩展能力。中国空间站将采用再生式生保系统,按长期载3人状态设计,每半年由载人飞船实施人员轮换,由货运飞船进行推进剂和物资补给,并进行维修维护设备的上行运输。我国载人空间站将成为我国空间科学和新技术研究试验的重要基地,在轨运营10年以上。

媒体声音

17国9个项目入选中国空间站首批科学实验

根据新华社2019年6月12日报道,中国载人航天工程办公室和联合国外层空间事务办公室12日在维也纳联合宣布,来自17个国家的9个项目从42项申请中脱颖而出,成为中国空间站科学实验首批入选项目。这标志着中国空间站国际合作进入新阶段。

这些项目来自瑞士、波兰、德国、意大利、挪威、法国、西班牙、荷兰、印度、俄罗斯、比利时、肯尼亚、日本、沙特阿拉伯、中国、墨西哥、秘鲁等17个国家的23个机构,包括政府机构和私营实体等。项目涉及的领域包括空间天文学、微重力流体物理与燃烧科学、地球科学、应用新技术、空间生命科学与生物技术等。

中国空间站国际合作生动诠释了多边主义,充分体现了开放包容,并始终致力于可持续发展,是推动构建外空命运共同体的鲜活写照。中国空间站将在2022年前后完成建造,具备支持开展大规模多学科的空间科学研究、技术验证和空间应用的独特优势。

第四节 新型运载火箭

航天要发展,动力要先行。火箭推进技术路线的选择对运载火箭的可靠性、安全性、成本、环保性等有着重大影响,其能力在一定程度上决定着一个国家航天技术的核心竞争力。当前,世界主要航天国家正积极推进运载火箭新型号的研制,可重复使用火箭技术是当前运载火箭技术发展的热点,同时新型火箭也向着更大吨位和更加灵活两个方向发展。

一、可重复使用火箭

可重复使用火箭是指能够重复使用、穿过大气层、往返于地球表面和太空之间运送有效载荷的运载火箭。从1957年第1颗人造卫星发射到2015年年底，世界各国已发射运载火箭共计5 500余次，其中绝大多数属一次性火箭，即仅能执行一次发射任务、在返回地面过程中会因与大气层摩擦而燃烧殆尽的传统火箭。传统火箭无法重复使用是造成航天发射成本高昂的原因之一，目前美国、欧洲、俄罗斯的主要一次性运载火箭的成本都高达数千万美元，我国"长征"系列火箭发射成本也在1 000万~7 000万美元。可重复使用火箭通过多次发射回收，均摊了相关费用，有效降低了单位有效载荷的发射成本，因此研制可重复使用火箭一直是航天领域的关注热点。

近年来，一些私营航天企业在可重复使用火箭技术研发方面表现活跃。美国太空探索技术公司（SpaceX）是运载火箭回收和重复使用技术的开拓者。SpaceX公司的"猎鹰9号"火箭可在发射后由上面级将卫星等载荷送入预定轨道，一级火箭则在与上面级分离后重新调整为直立状态返回着陆。2017年3月，SpaceX实现了人类历史上运载火箭第一级的首次重复使用，是运载火箭重复使用技术发展史上的重要里程碑。美国蓝色起源公司的亚轨道火箭"新谢泼德号"可将用于观光的载人舱发射至距地面100千米左右的亚轨道，同一枚火箭已重复发射和返回5次。美国联合发射联盟公司于2015年4月公布"火神"火箭的发动机舱单独回收方案，2016年4月提出在太空中重复使用"火神"火箭上面级的方案。欧洲空中客车公司于2015年6月公布利用外形与无人飞机相似的模块回收火箭高价值部件的方案。俄罗斯国家航天集团公司也于2018年评估本国可重复使用运载火箭的前景，为2035年前俄罗斯运载火箭系统发展提供技术建议和计划草案。

尽管目前可重复使用火箭存在有效载荷能力下降、制造和保养成本上升、安全性和可靠性尚待验证等问题，但其未来发展前景仍被广泛看好。SpaceX公司预计重复使用一级火箭可使整个火箭成本降低30%以上；联合发射联盟公司称其单独回收发动机舱的技术可将一级火箭成本降低90%；空中客车公司称其自主飞行返回火箭模块系统可使整个火箭发射总成本降低20%~30%。

除了对空间技术本身的推动，可重复使用火箭研究还有利于激发航天领域的创新活力。可重复使用火箭展现出的大幅降低航天发射成本的潜力以及 SpaceX 近期回收一级火箭的成功，已促使各国航天发射商通过调整组织结构、采用新技术等手段降低发射成本，并不约而同地将 SpaceX 的"猎鹰9号"火箭作为价格对比标杆。

典型案例

SpaceX 实现运载火箭第一级首次重复使用

美国东部时间 2017 年 3 月 30 日下午，美国太空探索技术公司（SpaceX）的"猎鹰9号"火箭从肯尼迪航天中心发射升空，将欧洲 SES 卫星公司重约 5.3 吨的 SES-10 通信卫星成功送入地球同步静止轨道。在发射大约 10 分钟后，火箭的第一级平稳降落在"当然我依然爱你"海上平台上。在此次发射之前，该火箭在 2016 年 4 月首次发射，将一艘"龙"（Dragon）货运飞船送至国际空间站，随后火箭的一级部分成功回收，直到此次再度发射。SpaceX 公司实现了人类历史上运载火箭第一级的首次重复使用，这必将成为运载火箭重复使用技术发展史上的重要里程碑。

SpaceX 是运载火箭回收和重复使用技术的开拓者，其首席执行官在早期曾畅想火箭第一级直接飞回发射场，几天后甚至当天就能完成检修重新投入发射，他还展望火箭第一级能重复使用 100 次，从而将火箭发射成本降低到前所未有的水平。

2016 年 11 月，国务院发布《2016 中国的航天》白皮书，指出开展天地往返可重复使用运输系统技术研究是未来 5 年的主要任务。中国科学院编纂的《中国学科发展战略——航天运输系统》中提出，可重复使用是降低航天运输成本的有效手段之一，也是未来航天发展的必然趋势之一。

2017 年中国航天科技集团透露，我国可重复使用航天运载器研制正处于攻关阶段，已开展可重复使用运载器总体技术等关键技术的攻关研究，将实现 10 天 10 次发射、单位有效载荷发射成本降低至现有一次性运载火箭的 1/5 的目标。

二、大推力运载火箭

现役运载火箭虽然能够满足发射卫星、运输货物、载人航天、空间实验等基本需求，但是由于运载能力的不足，在深空探测和载人航天等项目上遇到很大瓶颈，现役火箭型号尚无一款能够具备载人探月的能力。发动机作为火箭的心脏，其推力大小从根本上决定着火箭的运载能力。大推力火箭发动机的优势显而易见，用相对较少的发动机可以实现更大运载能力，从而使火箭的性能和可靠性得到提高。例如，在美国和苏联的登月竞赛中，美国"土星 5 号"火箭在第一级并联了 5 台 700 吨推力的发动机，成功将载有航天员的"阿波罗"飞船送上了月球，17 次发射均获成功，成功率 100%。相反，苏联研制的 N-1 重型运载火箭在第一级并联了 30 台 171 吨推力的发动机，结果造成火箭结构异常复杂，连续 4 次发射均失败，不得不放弃登月计划。

2015 年以来，美国国家航空航天局（NASA）RS-25 重型火箭发动机、美国蓝色起源公司研制的 BE-4 火箭发动机、日本 LE-9 氢氧发动机等相继点火试车成功，为新一代大型或重型运载火箭的研制打下了坚实基础。航天发射系统是 NASA 推出的用于对地球轨道以外目的进行载人探测的运载火箭。该火箭为二级火箭，并捆绑两台助推器，低地球轨道运载能力最大能达到 130 吨。该火箭最初预计于 2017 年 12 月首飞，但时间一推再推。"新格伦"火箭是由蓝色起源公司于 2016 年 9 月提出的轨道运载火箭，最初只计划承接商业发射任务，后来也打算申请政府发射资质并承接涉及国家安全的发射任务。"新格伦"火箭的第一级可重复使用，将使用 7 台 BE-4 发动机，第二级采用单台真空优化型 BE-4 发动机。"新格伦"按设计将具备 45 吨的低地球轨道运载能力和 13 吨的地球同步转移轨道运载能力。

"长征九号"运载火箭是我国正在论证的新一代重型火箭，未来将用于我国深空探测、载人登月等任务。"长征九号"火箭为三级半构型,全长约93米,芯级最大直径10米,助推器直径5米,起飞质量约4 137吨,起飞推力约5 873吨,低地球轨道运载能力约140吨,月球转移轨道运载能力约50吨,预计将于2030年左右首飞。

三、小型运载火箭

小型运载火箭是指近地轨道运载能力在1 000千克左右的运载火箭,具有发射成本低、反应速度快、适应能力强等突出特点。近年来,随着小卫星技术的快速发展和火箭设计、复合材料、电子技术以及固体推进技术的发展,将小型运载火箭推上了航天发射的大舞台。商业航天发射小卫星的需求牵引着小型运载火箭的研制和生产,快速、机动、灵活、廉价正成为商业小型运载火箭新的发展趋势。

在小型运载火箭领域,航天大国美国投入了较大精力。美国研制的"飞马座""金牛座"等小型运载火箭早已投入使用。进入21世纪,美国更是充分认识到了小型运载火箭的巨大军用和民用价值。在美国国防部快速响应空间办公室的支持下,桑迪亚国家实验室提出Super-Strypi固体小型火箭方案。该火箭长18米,直径仅1.32米,采用地基导轨发射,近地轨道的运载能力达到300千克。2015年11月,Super-Strypi曾携带10余颗立方体卫星进行首飞,虽然发射升空1分钟后爆炸,却掀起了小型运载火箭的研究热潮。目前,美国从事小型运载火箭研制设计的商业公司接近20家,其中有部分公司已经完成了设计生产,即将开展飞行试验。

欧洲航天局从2003年就开始研制"织女星"小型运载火箭,可将1 500千克有效载荷发射到700千米高度的轨道,也可一次发射300~2 000千克不同载荷的卫星,同时还能让微小卫星搭上顺风车。日本SS520火箭全长仅9.54米,只有电线杆那么粗,是日本自主研发的三段式小型火箭。此外,俄罗斯也计划于2020年实现新型小型运载火箭"联盟"号2LK的首飞。

中国航天科工集团公司瞄准全球商业航天发射市场,研制了"快舟"系列运载火箭,为商业卫星提供低廉、快速进入空间的手段,其中"快舟一号"系列定位于300千克以下低轨发射服务,"快舟十一号"系列定位于1~1.5吨低轨发射服务,具有发射成本低、准备周期短、保障条件少和快速集成、快速入轨等特点。

第五节 空间态势感知

空间态势感知是指利用光电、雷达、无线电信号接收等手段,对空间各种要素(如空间目标、空间碎片、空间环境等)的分布、行为和事件等进行探测和监视,判断其状态、动向,并预测变化趋势,分析其对空间和地面系统与设备的影响,及时甄别并告警空间危害,为维护空间安全提供全面、可靠的信息保障。空间态势感知的任务主要包括空间目标与碎片的监测和识别、空间环境监测与预警、空间态势信息保障等。

美国拥有世界最先进的空间态势感知系统,该系统始建于20世纪50年代末,至80年代就已建成由空间目标监视中心、雷达设备、光电探测设备组成的空间目标监视网及空间环境监测系统。美国天基空间监视系统主要包括"中段试验卫星"(MSX)、"天基空间监视系统"(SBSS)、"天基空间跟踪与监视系统"(STSS)以及后续的其他空间平台(如小卫星)等。其中,MSX主要用于导弹中段监测和跟踪、空间目标监测、天空背景光探测、地球背景环境探测试验研究等。SBSS主要针对GEO轨道进行搜索、定位和跟踪等,具有先进的转台跟踪能力,不仅能对高轨目标探测跟踪,而且能加强对低轨及机动目标的探测能力。SBSS系统将使美国对地球静止轨道卫星的跟踪能力提高50%,同时美国空间目标编目信息更新周期由5天左右缩短为2天,大大提高了美国空间态势感知能力。

由于战略性太空目标基本都位于中高轨道,所以,在低轨太空目标监视获得关键技术突破之后,美国的天基太空目标监视逐步向高轨迈进。对高轨目标的感知策略已由"低轨看高轨"迈向了"高轨看高轨"的新阶段。美国

2006年6月发射的"微卫星技术试验"（MiTEx）、2014年7月发射的"地球同步空间态势感知项目"（GSSAP-1/GSSAP-2）、2016年8月发射的GSSAP-3/GSSAP-4等，都是高轨太空目标监视的典型系统。上述设施可大大提高地球同步轨道目标信息获取、碰撞预警、目标威胁探测等能力，有助于美国高轨态势感知能力向支持太空作战的目标侦察、行动意图判断等多领域拓展。

目前，美国空间目标监视系统每天可完成60 000余次对空间目标观测，能对10厘米以上的16 000个在轨目标进行探测、跟踪和分类；对直径大于30厘米的目标可定期进行精确探测和跟踪；能够对外国侦察卫星过顶飞行进行预警、分析空间碎片；对低轨目标24小时轨道预报精度达到100米，对中高轨目标24小时轨道预报精度达到1 000米；跟踪编目23 000余个空间目标，能对所有在轨工作卫星进行轨道预测和碰撞预警，并能够基于自适应光学、红外成像设备提取某些目标的细微特征。此外，美国战略司令部至少与澳、日、意、加、法、韩、英7个国家的44家公司签署了空间监视数据共享协议，以加强空间态势感知能力。

俄罗斯的空间监视能力仅次于美国。俄罗斯空间态势感知体系由弹道导弹预警系统、空间目标监视系统、空间环境监测装备三大部分构成。弹道导弹预警系统由地基远程预警雷达网和天基预警卫星网组成，既用于导弹预警，也是空间目标监视的重要手段；空间目标监视系统包括地基雷达光学识别综合体、地基光电系统等专用装备及很多其他信息源；空间环境监测装备主要包括天基环境监测卫星和碎片观测雷达等。

俄罗斯天基预警卫星主要搭载红外探测器和可见光电视摄像机，监视美国和其他国家的陆基、海基和潜射导弹发射尾焰，为反导作战提供早期预警信息。其第三代新型预警卫星是"统一空间系统"的重要组成部分，2003年开始研制和试验，2015年11月首颗入轨，可快速捕捉导弹发射事件，预警信息可直接接入武器系统，逐步提高其全球预警能力。俄罗斯对空间环境状态和变化特征进行了大量监测工作。1998年提出在宇宙飞船上搭载毫米波脉冲雷达观测空间碎片，测距误差最大 9 米，测速误差最大 1 千米/秒，可观测 1~3 毫米的空间碎片；2001 年启动了"罗盘-火神"空间环境卫星监测系统建设，计划由 6 颗卫星组网监测地球大气层、电离层和磁层变化；2006 年发射了首颗 COMPASS-2 卫星，载荷包括等离子体波谱分析仪、低频电磁波观测仪、大气辐射及紫外观测器等。

欧洲已经具备一定的空间监视能力。法国在 2005 年 11 月交付使用 Graves 空间监视系统，使法国成为美国、俄罗斯之后第三个拥有地基空间监视系统的国家。该雷达系统主要用于探测、跟踪和识别低轨空间目标，探测距离可达 1 000 千米，具有较高的空间分辨率。德国的"跟踪和成像雷达"（TIRA）能够在 L 波段和 Ku 波段进行观测，并能观察到 1 000 千米高度上小至 2 厘米的物体。英国、瑞士和法国还建有光学望远镜，可监视同步轨道中的太空碎片。欧洲航天局于 2009 年 1 月启动名为"太空态势感知"的计划，使用欧洲现有的地面雷达和光学仪器，更有效地监控欧洲上空的轨道动向。

日本与美国共享空间监视数据，日本可以将其空间监视雷达数据传输给美国联合空间作战中心（JSPOC），也可以接收来自 JSPOC 的信息。2004 年，日本在冈山建立了空间碎片观测雷达站，能监测到 600 千米高度小于 1 米的目标。

第六节 深空探测

深空探测是指利用航天器探测行星际空间的深空探测活动，是人类空间探索活动的核心内容之一，也是近年来最受关注的空间探索领域之一。早在 20 世纪 50 年代末，苏联和美国就已开始实施深空探测活动。进入 21 世纪以来，各主要空间大国纷纷制定雄心勃勃的探测规划，实施以火星和月球为主线，小天体、巨行星系统、金星和水星探测等并行的深空探测任务，各空间大国对深空探测的核心科学问题逐步形成共识：深空探测的终极科学目标是探究太阳系与行星系统的起源、演化和运行规律，主要驱动力是寻找地外生命和宜居环境，现实意义是发现对地球构成威胁或可为人类探索活动提供资源的天体。

一、月球探测

人类要迈向更遥远的深空探索整个宇宙，探索月球是必须经历的过程。

美国是最早开展月球探测的国家之一。美国在 1958—1973 年期间共发射了 36 个月球探测器，主要包括"先驱者"（Pioneer）、"徘徊者"（Ranger）、"勘测者"（Surveyor）和"月球轨道器"（Lunar Orbiter）系列飞船。近年来，美国也陆续开展了一系列月球探测任务。

NASA 的"月球勘测轨道器"（LRO）执行的是一项月球表面测绘任务，2009 年 6 月 18 日，与旨在确认月球极地附近永久阴影里的环形坑是否存在水冰的"月球坑观测与感知卫星"（LCROSS）一起发射升空。2009 年 10 月 9 日，LCROSS 撞入月球的一处永久阴影区结束使命，LRO 继续在绕月轨道上进行观测，寻找潜在资源，为未来任务确定着陆点。美国于 2011 年发射的"重力勘测和内部研究实验室"（GRAIL）史无前例地收集了关于月球内部结构和演进的详细信息，这些信息丰富了人们对于地球及内太阳系其他行星是如何演化的知识。GRAIL 生成了月球超高分辨率重力场图，精度超过其他所有天体，这将有助于科研人员更详细地研究月球内部结构及其成分。科研人员通过分析最新探测数据，发现月壳的厚度为 34~43 千米，比原来认为的薄 10~20 千米。根据这一月壳厚度，月球的总成分与地球类似，这也支持了月球可能来自地球的一部分、月球是地球受撞击后分离出来形成的假说。NASA 的"月球大气和尘埃环境探测器"（LADEE）于 2013 年 9 月发射，2014 年 4 月 17 日按照预定计划成功撞月。LADEE 任务的主要目的是研究月球的大气及月球表面的尘埃作用，更好地了解月球及其形成过程，并对高速激光通信系统进行测试。LADEE 所携带的月球激光通信演示设备成功实现了从 40 万千米外的月球轨道，以最大码速率达 622 兆比特/秒的速度向地球传输数据，该速率几乎比 NASA 最好的 Ka 波段射频通信速率高 1 个量级，在各种条件下完美地将 LADEE 收集的实时、高价值月球环境科学数据传输回地球。

俄罗斯也正在或即将开展一系列月球探测任务。"月球-全球"（Luna-Glob）计划主要将对月球极地地区的内部结构进行研究，勘测自然资源，同时研究月球表面宇宙射线和电磁辐射，开发软着陆技术。"月球-资源轨道器"（Luna-Resurs-Orbiter）计划于 2024 年发射，服务年限超过 3 年，其主要科学任务是勘测月球矿物成分和月球表面水冰分布，测绘月表地形，研究地下层结构，探究月球外大气层和等离子体环境与月表等离子体的相互作用过程，研究宇宙射线和超高能中微子。"月球-资源着陆器"（Luna-Resurs-Lander）计划于 2021 年发射，服务年限超过 1 年，主要将对 2~3 处地下 2 米深的月壤进行矿物学、化学、同位素组成方面的研究，探究月壤的物理特性，研究月球外大气层的离子、中性粒子、尘埃与行星际介质的关系，开展月球内部结构和月震机制的研究。"月球-土壤"（Luna-Grunt）计划于 2024 年发射，其中包括 1 个轨道器和 1 个着陆器，服务年限分别为 2 年和 3 年，主要目标是研究、开发对返回地球的月壤样品的检测方法，建造可以处理不同物质和化学元素的实验设备，同时为部署未来月球基地验证关键技术。此外，俄罗斯还计划在 2025 年后发射"月球-资源 2"（Luna-Resurs-2）探测器以及建立月球基地。

我国首个月球探测计划"嫦娥工程"于 2003 年启动，按照"绕、落、回"三步走的方案实施。首先发射环绕月球的卫星，深入了解月球；接着发射月球探测器，在月球表面进行实地探测；最后送机器人上月球，建立观测站，实地实验采样并返回地球，为载人登月及月球基地选址做准备。整个计划需要 20 年的时间。

"嫦娥一号"和"嫦娥二号"任务的圆满完成标志着"嫦娥工程"第一阶段的战略目标已经实现。"嫦娥三号"是探月工程二期的主任务，于 2013 年 12 月 2 日发射，标志着我国成为世界上第三个实现地外天体软着陆的国家。"嫦娥三号"包括 1 个着陆器和"玉兔"号巡视器，其主要任务是在月表进行一系列探测活动，得到包括月球地形地貌、地质构造、物质成分和浅层结构为一体的综合科学信息，同时利用携带的光学望远镜在月球上进行天文巡天观测。2019年1月3日，"嫦娥四号"探测器成功着陆在月球背面的预选着陆区，并通过"鹊桥"中继星传回了世界第一张近距离拍摄的月背影像图，揭开了古老月背的神秘面纱。利用月球背面保存的最古老月壳岩石的独特条件开展地质特征调查，"嫦娥四号"有望在国际上首次建立集地形地貌、浅层结构、物质成分于一体的综合地质剖面和演化模型，获得对月球早期演化历史的新认知。后续"嫦娥工程"三期主要科学目标包括对着陆区的现场调查和分析，以及月球样品返回地球以后的分析与研究，研究月球和地月系统的起源和演化，深化对地月系统起源与演化的认识。完成"嫦娥工程"三步走规划，继美国和苏联之后，中国将成为世界上第三个将月球土壤样品带回地球的国家。

二、火星探测

火星作为距地球最近的类地行星之一，火星探测是继月球探测之后深空探测的最大热点。国际火星探测起步于20世纪60年代，截至目前共实施了44次活动，美国21次，苏联/俄罗斯19次，日本1次，欧洲航天局2次，印度1次。完全成功或部分成功23次，成功率约53%。基于火星与地球的运动关系，受限于当前运载火箭的能力，每隔26个月才有一次有利的火星探测发射机会。进入新的太空探测高潮期以来，火星成为国际深空探测的焦点，每次的有利发射机会都有发射任务。美国依然引领火星探测的发展，日本、欧洲航天局、印度相继加入这一行列。

"火星科学实验室"（MSL）是 NASA "火星探索计划"中的一项任务，核动力火星车"好奇"号（Curiosity）于2011年发射，其主要目的是探索火星过去或现在是否存在适宜生命存在的环境。Curiosity预期寿命为两年，但目前仍在完好运行。Curiosity是当前最先进、最昂贵的火星探测器，搭载的探测仪器包括3台照相机、4台光谱仪、2台辐射探测仪和1台环境探测器。2013年2月，Curiosity借助火星车机械臂末端携带的钻头钻探火星岩石，获得了一块岩石内部样品，这是有史以来机器人第一次在火星上钻入岩石采样。

"火星生命探测计划"（ExoMars）是欧洲航天局（ESA）与俄罗斯联邦航天局（Roscosmos）合作开展的火星探测系列任务，包括由 ESA 提供的漫游器和 Roscosmos 提供的火星表面平台，计划于 2020 年发射并登陆火星。漫游器的主要目标是在火星表面搜寻生命迹象，对液态水含量曾经非常丰富的岩石地区开展探索，寻找地下水源及分布，其携带的钻头可钻至地下 2 米深。此外，漫游器还将长时间监测辐射环境和气候，综合考察火星表面，探究火星内部结构。

"火星轨道探测器"是印度首个火星探测器，于 2013 年 11 月发射，2014 年 9 月进入火星轨道。任务是以技术验证为主，在科学研究方面，主要是对火星物理特征以及火星大气开展研究。

在"嫦娥一号"任务取得圆满成功之后，国内专家即开始谋划我国深空探测后续发展。我国首次火星探测任务于 2016 年立项实施。我国首次火星探测任务起步晚，但起点高、跨越大，基于探月工程的基础和"长征五号"（CZ-5）火箭的运载能力，瞄准当前世界先进水平确定任务目标，将在国际上首次通过一次发射任务，实现火星环绕和着陆巡视探测。我国将成为世界上第二个独立掌握火星着陆巡视探测技术的国家。

三、其他行星探测任务

"新地平线"（New Horizons）是 NASA "新前沿"计划中的第一项任务，于 2006 年 1 月成功发射，2007 年 2 月飞越木星并借助木星引力加速，此后进入间断性休眠，2015 年 1 月从休眠中被唤醒，2015 年 7 月成功飞越冥王星，目前正在向柯伊伯带进发。New Horizons 任务展示了精准先进的空间技术，它利用放射性同位素温差发电机为远离太阳的深空探测提供动力，它也是史上飞行速度最快的航天器。而且，从 2006 年任务发射到距冥王星最近的一刻，历时 9 年半、近 48 亿千米的行程所用时间仅比发射时预测的少 1 分钟，航天器如一根"针"精确地穿过 60 千米×90 千米的空间窗口。

"罗塞塔"号（Rosetta）是 ESA 耗资 14 亿欧元的彗星探测任务，目的是探测和研究彗星"67P/楚留莫夫-格拉希门克"，于 2004 年 3 月 2 日发射升空。Rosetta 包括两大组件，即 Rosetta 探测器及"菲莱"（Philae）着陆器，主要任务是探索 46 亿年前太阳系的起源之谜，以及彗星是否为地球"提供"生命诞生时所必需的水分和有机物质。经过近 10 年、64 亿千米的飞行后，Rosetta 探测器于 2014 年 8 月与彗星 67P 成功交会，并于 11 月释放着陆器 Philae 登陆彗星表面。虽然 Philae 在彗星表面弹跳两次，此后又因电力耗尽陷入休眠状态，但这是人造探测器有史以来第一次在一颗彗星上进行软着陆。Rosetta 于 2015 年 8 月伴随彗星 67P 飞过近日点，并最终以可控撞击的形式终结于彗星 67P 上。《科学》杂志将 Rosetta 对彗星的探测列为 2014 年度十大科学突破之首。

"隼鸟-2"号是日本宇宙航空研究开发机构（JAXA）"隼鸟"号小行星探测任务的后续任务，于 2014 年发射，2018 年 6 月抵达"龙宫"（Ryugu）小行星。2018 年 9 月，"隼鸟-2"号成功释放两个小型双胞胎漫游器并成功着陆，传回了图像和数据。"隼鸟-2"号在从小行星表面采集样本后计划在 2020 年返回地球。

第七节　空间科学

空间科学是自然科学在宏观和微观两个领域的前沿，孕育着重大的科学发现。

一、宇宙的起源探索

人类已能够开展全电磁波波段天文观测，中微子和宇宙射线天文学打开了观测宇宙的新窗口。未来 10 年，在星系和宇宙层面，将重点研究星系中央大质量黑洞的形成、物质吸积、喷流、外流物理过程，星系、星系集团的空间分布、形态结构、物理性质、化学组成、活动特征和产能机制，宇宙中其他物质成分的空间分布和物理本质等问题,进而研究星系以至整个可观测宇宙的起源和演化历史,探索制约宇宙和星系起源及演化的物理规律。在恒星、行星结构层面,将重点研究银河系结构、子结构及其形成历史,大质量恒星形成机制,超新星爆发、伽马射线暴及致密天体,极端贫金属星的搜寻及其性质,太阳系外行星系统的搜寻、性质、形成和演化,开展系外生命探索。

二、寻找地外生命

目前已发现了火星存在大量地下水的证据和其他支持生命存在的迹象。美国"奥德赛"号火星探测器在地下1米内探测到浅水冰的直接信息。地面望远镜和ESA的"火星快车"均探测到火星大气层内存在甲烷,科学家推断火星上存在局域性的甲烷气源或汇聚点。美国"凤凰"号火星着陆器在着陆地点发现了微生物用以新陈代谢的重要化合物——高氯酸盐,表明着陆点可能是生命"宜居带"。

研究表明,"木卫二"表面冰层下埋藏着大量含盐液态水,冰水间的交换使天体表面和埋藏的水间的能量及营养物传递成为可能,这颗卫星冰层下面的液态水中很可能存在生命。

三、太阳爆发机理、太阳物质对行星际和地球空间影响的研究

太阳是距人类最近的恒星,也是地球和人类赖以生存的能量之源。未来5~10年,人类将对太阳开展多波段、全时域、高分辨率和高精度观测,首次实施对太阳的近距离观测,揭示太阳活动机理。日地关系研究将日益突出日地系统整体联系过程,天基与地基相结合的观测体系日趋完善。空间天气过程将在宏观和微观层面,重点研究空间天气事件大尺度扰动能量的形成、释放、传输、转换和耗散的全过程和基本物理过程,认知太阳电磁辐射和高能粒子对全球气候变化的影响途径和机制,开展定量评估将成为全球变化自然因素的重要研究前沿。太阳活动—行星际空间扰动—地球空间暴—地球全球

变化—人类活动的链锁变化过程及对这些过程的预报是日地关系研究的主攻方向。

思考题

1. 20世纪70年代，一位赞比亚的修女曾经给NASA写信，说现在地球上还有很多儿童在忍饥挨饿，为什么人类还要花那么多钱去做空间探索？就这个问题，谈谈你的观点。

2. 21世纪以来国际空间探索的发展状态、趋势与20世纪六七十年代两个超级大国之间的太空竞赛有何不同？

3. 试述空间科学、空间技术、空间应用三者之间的关系。

4. 为什么说空间科技领域是一个国家的战略必争领域？

5. 谈一谈你对我国邀请多国参与中国空间站空间科学研究的看法。

第九讲
海洋科技

21世纪是海洋世纪，蓝色经济成为驱动全球经济增长的重要引擎。据保守估计，全球主要海洋资源价值超过24万亿美元，相当于全球"第七大经济体"。未来随着陆地资源的日渐枯竭，海洋资源对于全球经济社会发展的作用将愈加不可替代。海洋科技的发展是海洋资源勘探开发和海洋经济发展最重要的原动力，海洋生物技术是为海洋生产力及其可持续性提供解决方案的赋能技术，通过发展海洋生物技术来响应人类面临的全球性挑战，解决诸如食品安全、燃料安全、人口健康和工业绿色加工等问题。以深潜器为代表的深海探测开发技术、深海生物资源开发技术、近海生态环境可持续发展研究、海水淡化与综合利用技术和海洋立体综合观测系统建设等前沿科技是当前和未来海洋科技发展的重要方向。

第一节　深海探测开发

深海探测开发技术是未来全球海洋科技发展的重要战略方向之一。工业革命以来，人类在探索自然界和外太空技术方面取得了巨大进步，但是对于占海洋面积90%以上的深海大洋却缺乏必要的了解。深海蕴藏着丰富的油气资源、多金属结核、富钴结核、天然气水合物及生物质资源，是一个十分重要的战略资源宝库。深海探测开发技术是为深远海调查和资源开发提供手段和装备的海洋技术，是各种通用技术在深海大洋中的应用和拓展。深海探测开发技术是海洋科学深入发展的必要手段，是人类开发利用海洋的关键技术方向，同时对其他领域科学和技术的发展具有极强的推动作用。

不远的将来，随着陆地资源的不断耗尽，人类资源开发利用的方向必将转向深海区域。事实上，近年来深海探测开发技术受到美欧日的普遍重视，伴随着信息技术和新材料技术的进步，深海探测开发技术必将持续稳步推进。

一、载人深潜器

载人潜水器（Human Occupied Vehicle，HOV）是指具有水下观测和作业功能且可搭载人员的潜水装置，主要用来执行水下考察、海底勘探、海底打捞和救援等任务。载人潜水器，特别是载人深潜器是当代海洋科技的制高点之一，其技术水平体现出一个国家先进材料研发、通信技术、装备集成技术和海洋研究等领域的综合科技实力。载人深潜器可以完成多种复杂任务，包括通过成像设备对海底资源进行勘查、执行水下设备定点布设、铺设海底电缆和管道等。载人深潜器凭借其"人机联动"的特点，在深海探测勘查活动中扮演着十分重要的角色，是否拥有具有一定深潜能力的载人深潜器，成为衡量一个国家深海探测能力的重要标准之一。

20世纪70年代以来，HOV逐渐成为海洋考察的标准工具之一，并得到了广泛运用，在深海考察、海洋石油开采及军事侦察等领域中发挥着重要作用。HOV基本组件主要包括承压壳体、平衡系统、推进系统、储能系统、通信导航系统和照明装置等，可集成多种科学仪器，以完成相关科学考察和作业任务。相对于其他类型的作业工具，HOV具有独特优势：可充分利用人类现场观察和分析能力，准确理解观察到的图像和视野景色，并同步给予相应的处理回应。

载人深潜器凭借其独特的"人机联动"特性，将对全球海洋资源勘查产生深远的影响。随着技术的进步，一些关键技术（如新型耐压壳体材料、大容量蓄电池技术、高清观测仪器、先进功能模块等）必将不断被突破，人类的载人深潜能力将不断提高。作为一项综合性极强的技术，HOV可以带动其他相关技术的进步。深海蕴含的巨大机遇对于正在崛起的中国是至关重要且不容错过的。通过这一技术的带动，可以打破发达国家在海洋科技领域尤其是深海技术方面的垄断地位，提高我国海洋科技的核心竞争力。

知识链接

载人深潜器技术

目前，全球范围内能够掌握载人深潜器技术的国家有美国、日本、俄罗斯、法国、中国。美国是世界上深潜器技术最为先进的国家之一，其1964年设计制造的"阿尔文"号（Alvin）深潜器曾长期处于世界领先地位。此外美国还拥有"双鱼座"4号（Pisces Ⅳ）和"双鱼座"5号（Pisces Ⅴ），作业深度为2 000米。日本1989年建造的"深海6500"号（Shinkai 6500）深潜器最大潜水深度达6 500米。俄罗斯的载人深潜器技术较为成熟，比较著名的有1987年建成的"和平一号（MIR-1）"和"和平二号（MIR-2）"两艘6 000米级的潜水器。法国于1984年研制成的"鹦鹉螺"号（Nautile）潜水器最大下潜深度可达6 000米，累计下潜1 500多次，完成过考古研究、多金属结核勘察和深海生态研究等多项调查任务。

随着我国相关技术的不断发展,特别是"蛟龙"号、"深海勇士"号等载人深潜器不断取得突破,我国载人深潜事业正向世界领先行列迈进。

二、无人遥控潜水器

无人遥控潜水器(Remote Operated Vehicle,ROV)属于水下无人潜航器的一种,是用于在水中观察、检查、施工的水下遥控机器人,ROV 是人类探测深海和开发深海资源的重要技术手段之一。

ROV 最早出现在 1953 年,主要用于考古方面的研究。由于技术方面的限制,早期的 ROV 性能和功能都存在一定的不足。随着技术的不断进步,到 20 世纪 90 年代末,ROV 在全球海洋勘查中逐步得到广泛应用,下潜深度已超过 7 000 米,开始完全进入了成熟期。ROV 最大的优势是水下定点作业,理论作业时间不受储能设备限制,可执行高强度极端环境海底任务。

随着海洋油气资源开发和深海研究需求的不断增长,各国对 ROV 相关技术的研发投入也随之不断增加。近年来,ROV 技术已经相对完善,并逐渐发展出种类和功能各有侧重的不同系列,比如按功能可分为观察型和作业型,按照运动模式可分为浮游式和着底爬行式,按照动力提供方式分为液压驱动和电力驱动。无人遥控潜水器主要由本体、中继器、脐带缆、吊放系统、甲板操控系统、机械手和作业工具包等部分构成。无人遥控潜水器通过脐带缆与水面母船连接,脐带缆具有信息传送和能源传输的功能,操作员在母船上可实时观察海底状况,并通过线缆遥控 ROV 相关功能模块开展水下作业。

在无人遥控潜水器领域,美国和日本等发达国家处于领先地位。在商用 ROV 方面,美国和欧洲国家占据了绝大部分市场。无人遥控潜水器在深海资源勘探开发的技术竞争中扮演着重要角色,对于维护国家海洋安全和经济利益至关重要,因此,提升无人遥控潜水器的技术水平和核心技术的国产化水平是我国未来海洋科技发展的重要方面。

三、水下滑翔机

水下滑翔机（Autonomous Underwater Glider，AUG）是一种新概念水下航行器，具有成本低、续航时间长和可重复利用的特点，近年来成为海洋环境观测与探测技术装备中的重要组成部分。水下滑翔机适用于"中尺度"和"亚中尺度"海洋动力过程的观测，在新兴的全球海洋观测系统中发挥着重要作用。其操作灵活，可实现多机协作，具有广阔的应用前景。

1989年，美国人亨利·斯托梅尔提出了水下滑翔机的最初构想。此后，欧美等国的相关技术不断进步，发展出多种水下滑翔机。水下滑翔机技术克服了传统海洋观测工具的缺陷，目前已成为常规的海洋观测工具，其所携带的传感器可测量温度、盐度、深度等物理特性，也可以测量生物和化学数据。水下滑翔机可通过调整相应任务模块，执行不同目标的任务。近年来，新型的水下滑翔机采用人工智能技术，可以按预先设定程序进行自主管理，能长时间远距离航行，并可在复杂海区环境下活动。

由于相关技术研发起步较晚，加之国外的技术封锁，我国水下滑翔机的发展水平较之国外有一定的差距。2003年，中国科学院启动了水下滑翔机的基础研究工作，开发出了水下滑翔机原理样机。此后，国家"863"计划在此领域进行了长期资助，我国水下滑翔机相关技术取得了显著的进步。通过多年不断的努力和发展，主要关键技术都取得了较大进步，水下滑翔机技术具备了应用基础。2018年7月，我国第九次北极科学考察队在白令海公海区域成功布放"海翼"号，这是我国自主研发的水下滑翔机首次在白令海布放，也是首次应用于北极科考。该型号水下滑翔机可以搭载多种传感器，能够满足中国海洋观测应用需求。

典型案例

新型深海滑翔机

2018年6月，英国国家海洋学中心（NOC）测试了一款新型深海滑翔机

(Deepglider)。它将加入 NMF-MARS 滑翔机机队，共同帮助英国科学界收集深达 6 000 米的海洋数据资料。

新型 Deepglider 在设计上与现有的海洋滑翔机（Seaglider）类似，但前者能够承受海洋最深处 600 个大气压的压力，且具备 6 个月以上的续航能力。Deepglider 上附有一系列科学传感器，可以测量海水温度、盐度、浮游植物丰度和其他参数。当滑翔机浮出水面时，这些数据可以通过铱卫星链路传回岸上。

滑翔机负责人表示，如果将自主水下航行器比作海洋中的轨道卫星，那么 Deepglider 就是一个行星际探测器。与标准的 1 000 米滑翔机相比，它的潜水覆盖距离更远。不仅如此，Deepglider 还可以在更浅的水域中运行。测试结果表明，这种滑翔机可以成为研究从大陆架边缘到深海海洋过程的一个绝佳工具。

第二节 深海生物资源

深海分布着海山、洋中脊、深海平原、深渊、海沟等多种复杂的地质地貌以及热液口、冷泉等独特的生态系统，孕育着丰富的生物资源。尽管不同的深海生物处于高盐、高压、低温、寡营养、无（寡）氧和无光照的复杂环境中，生存条件比陆生生物恶劣得多，但各种深海生物依然能够凭借其特殊的结构和功能维持生命活动。深海生物的多样性、复杂性和特殊性使其在生长和代谢过程中，产生出各种具有特殊生理功能的活性物质，并且某些特异的化学结构类型是陆地生物体内缺乏或罕见的，这使得深海成为创新药物和功能性保健食品的原料宝库，也被公认为未来重要的基因资源来源地。

深海生物资源主要是指生活在海洋大陆坡到洋底水深在 200~3 000 米之间，具有开发利用价值的生物，包括物种、细胞及其组分和基因等资源。深海生物资源蕴藏着巨大的应用开发潜力，是国家重要的战略资源储备，也是战略性新兴产业的重要组成部分。利用新技术从深海中开发新的生物资源以及从技术和资源的源头创新研究,既是国际上新资源研究与开发的前沿方向,也是各海洋强国进军深海的重要关切,体现着各国重大深海安全和战略资源利益。

一、深海生物基因

深海生物基因开发与利用已成为国际竞争焦点。自20世纪90年代以来,美国、日本、德国等世界发达国家纷纷从基因水平上对深海微生物资源进行研究,启动了各自的研究计划,并取得了许多重要研究成果。美国主要针对深海热泉附近的古细菌基因结构做了大量的研究;日本主要进行具有特殊功能的深海微生物的搜集、分析和保存研究;德国拥有先进的深海采样设备,在深海微生物研究对象来源上具有较大优势,其中在深海热泉古嗜热菌的基因研究中取得了重要进展。

我国从"十五"时期开始启动深海生物基因资源研究,把深海生物资源的战略储备作为主要任务之一。21世纪初,在国家财政大力支持下,以"追赶者"的姿态进入深海生物资源勘探领域,组织国内优势团队,积极开展资源获取和潜力评价工作,大力发展深海生物资源勘探技术,短短的15年大幅提升了我国深海生物种质资源的拥有量,建立了相当规模的深海生物资源库,资源拥有量实现了重大超越。同时,积极推动深海微生物资源的应用潜力评价,获得了在医药、环保、工业及农业等方面有重要应用价值的菌种、基因、酶和化合物,实现了资源共享,推动了深海生物知识产权保护,快速提升了我国深海生物专利的拥有量,有效保障了我国在国际海洋生物资源领域的合法权益,增强了规则制定的话语权。

最恐怖的十大深海生物

(1)毒蛇鱼。毒蛇鱼一般在海面下80~1 600米的水层出没,是这个深度的海洋中看上去最面目可憎的鱼类之一。毒蛇鱼中的一些全身呈黑色，在身体的某些地方长有发光的器官，包括一个用来作捕食诱饵的长长背鳍。另一些并不含有任何的色素成分，所以它们看起来是透明的。为了在黑暗的海底收集到更多的光线，这种鱼还有大大的眼睛，而发光器官是通过一些化学过程实现放出光芒的效果。

（2）吸血鬼乌贼。吸血鬼乌贼就像从科幻电影中游出来的一样，它们的身体上长着两只大鳍。虽然体长不过15厘米，但它们的眼睛比例却是所有生物中最大的，其眼球相当于大型犬的眼球大小。吸血鬼乌贼是一种发光的生物，身体上覆盖着发光器官，这使得它们能随心所欲地把自己点亮和熄灭，当它们熄灭发光器时，就完全不能被看见了。

（3）尖牙。尖牙因牙大而得名，属于金眼鲷目，中文名也叫角高体金眼鲷，样子看起来深具威胁性。尖牙栖息在大洋中特别深的地方，尽管它们最常栖息的地方是500～2 000米，但深到5 000米处的深渊带中部都是它们"温馨"的家，此处的水压大得可怕，而温度又接近冰点。这里食物缺乏，所以这些鱼见到什么就吃什么，多数食物可能是从海洋上层落下来的。尽管这种鱼并不怕冷，但是它们分布在热带和温带海洋的深处，因为那里才有更丰富的食物从上面落下。

（4）吞噬鳗。吞噬鳗是大洋深处外貌最奇怪的生物之一，最显著的一个特征就是它们的大嘴。当它们张开大嘴后，可以轻易地吞下比它们自身还大的生物。吞噬鳗的体长为0.6～1.8米，多分布于约900～2 000米的深海地带。

（5）巨型鱿鱼。巨型鱿鱼是世界上最大的动物之一，也是最大的无脊椎动物，属于头足纲、枪形目、巨型鱿鱼科。它们的触手长而有力，可用来捕食。巨型鱿鱼是一种软体动物，对于这种神秘的生物我们知之甚少。我们见过的无非是一些被冲上岸的巨型鱿鱼的尸体，从来也没见过自然界中的活体。

（6）巨型深海大虱。巨型深海大虱是已知的等足虫类动物中体形最大的生物，属于食肉性的甲壳纲动物。由于海底食物缺乏，它们也是找到什么吃什么，包括捕食一些和它们生活在同一深度的小型无脊椎动物。80%的巨型深海大虱都生活在350~750米的深度。

（7）琵琶鱼。琵琶鱼生活在1 000米深的水下，它们圆滚滚的身体犹如篮球一般，大大的嘴巴里具有长长的尖牙。琵琶鱼虽然面目可憎，但它们最多也只有12.7厘米长。

（8）科芬鱼。科芬鱼有一个柔软的身体和一个长尾巴，周身都被小刺覆盖，它们能够长到10厘米长。其嘴巴内部为黑色，并且嘴巴可以合成一条缝。

（9）长吻银鲛。长吻银鲛分布于大西洋和太平洋，栖息于深海2 600米或更深处，一般夜间活动，出水即死亡。它们吃贝类、甲壳类和小鱼。其肉可食，肝可制鱼肝油。在南非，它们被称为"鬼鲨鱼"（虽然与鲨鱼没有任何联系），原因是只要触碰一下它们的脊背就可致人死亡。

（10）深海龙鱼。深海龙鱼又叫黑巨口鱼，属于巨口鱼目。虽然体型不大，却是凶恶的捕食者。它们拥有一个大头，长着大量又长又尖的獠牙，用一个发光器作钓饵。深海龙鱼生活在1 500米深的海底。由于来自天空的可见光在中层带就已经被吸收掉，深层带形成极暗的环境，在这样的环境中，深海龙鱼的眼睛特化成筒状，在大型水晶体下面密布感光细胞。

二、海洋生物制药

随着抗生素滥用，超级细菌具有的耐药性已经对人类健康构成了严重威胁，而深海微生物代谢产物被证明是未来新药的重要来源。目前已从海洋生物资源中发现近3万种天然产物，并申请了5 000多个与海洋生物基因资源相关的专利。巨大的潜在商业价值将催生新生深海生物资源产业，可以预计，该产业不仅会带来巨大的经济效益，更会带来难以估量的社会效益。

为了适应在深海环境中的生存、繁衍、防御等活动，深海生物进化出了独特的基因，能够产生结构奇特、活性多样的海洋天然产物，是治疗肿瘤、心脑血管疾病、免疫性疾病、神经系统疾病等重大疾病的药物化合物库。如阿糖胞苷适用于成人和儿童急性非淋巴细胞性白血病的诱导缓解和维持治疗，这类海洋药物发展至今几十年了，但能替代它的药物并不多；ADC 药物（抗体偶联药物）可利用单抗的靶向作用，将小分子药物靶向肿瘤等病原，避开正常细胞，从而达到治疗癌症的作用。这些来自海洋的药物极大地推动了生物医药业的发展。

据《中华人民共和国药典》记载，现已开发的海洋中药仅 170 余种。我国研制的现代海洋药物种类虽不多，但效果显著，比如"海星胶代血浆"具有良好的胶体渗透压，利用合浦珍珠贝生殖巢制成的"珍珠精母注射液"可治疗病毒性肝炎，太平洋侧花海葵生产的"海葵膏"可治疗痔疮，天然海洋鱼油制品"多烯康胶丸"具有降血脂、抑制血小板聚集及延缓血栓形成等功效。此外，利用珍珠研制的药物系列有"珍珠片""珍珠胶囊""珍珠膜剂""合珠片""消朦片"等。

第三节　近海生态系统可持续发展

海洋为人类社会的存在和发展提供了极为重要的物质资源支撑和空间环境保障，而近海是全球海洋中最为敏感、最受关注的区域。目前，全球一半以上的人口生活在沿海地区，近海资源、环境和空间已成为支撑人类社会持续发展的重要物质基础。近年来，在人类活动和气候变化等诸多因素的影响下，近海生态系统出现显著变化，生态系统结构改变和功能退化危及近海生态安全，也损害了近海生态系统所提供的服务及其对人类的福祉。沿海经济的未来发展将越来越依赖于海洋环境保护和生态系统的可持续发展。

考虑到以上挑战，"保护海洋及海洋资源的可持续利用"被列为联合国《2030 年可持续发展议程》中的可持续发展目标之一，其中包括了陆地活动对海洋的污染、海岸带生态系统管理、海水酸化、海岸带地区保护、渔业、水产养殖业和旅游业的可持续管理等具体目标。

 **知识链接**

与海洋和海岸带相关的可持续发展目标

目标14：保护海洋及海洋资源的可持续利用

14.1 到2025年，预防和大幅减少各类海洋污染，特别是陆上活动造成的污染，包括海洋废弃物污染和营养盐污染。

14.2 到2020年，通过加强抵御灾害能力等方式，可持续管理和保护海洋和沿海生态系统，以免产生重大负面影响，并采取行动帮助它们恢复原状，维持海洋健康与丰富物产。

14.3 通过在各层级加强科学合作等方式，减少和应对海洋酸化的影响。

14.4 到2020年，有效规范捕捞活动，终止过度、非法、未报告和无管制的捕捞活动以及破坏性捕捞做法，执行科学的管理计划，以便在尽可能短的时间内使鱼群量至少恢复到其生态系统可承载的可持续产量的水平。

14.5 到2020年，根据国内和国际法，并基于现有的最佳科学实践，保护至少10%的沿海和海洋区域。

14.6 到2020年，禁止某些助长过剩产能和过度捕捞的渔业补贴，取消助长非法、未报告和无管制捕捞活动的补贴，避免出台新的这类补贴，同时承认给予发展中国家和最不发达国家合理、有效的特殊和差别待遇应是世界贸易组织渔业补贴谈判的一个不可或缺的组成部分。

14.7 到2030年，增加小岛屿发展中国家和最不发达国家通过可持续利用海洋资源获得的经济收益，包括可持续地管理渔业、水产养殖业和旅游业。

14.a 根据政府间海洋学委员会《海洋技术转让标准和准则》，增加科学知识，培养研究能力和转让海洋技术，以便改善海洋的健康，增加海洋生物多样性对发展中国家，特别是小岛屿发展中国家和最不发达国家发展的贡献。

14.b 向小规模个体渔民提供获取海洋资源和市场准入机会。

14.c 按照《我们希望的未来》第158段所述，根据《联合国海洋法公约》所规定的保护和可持续利用海洋及其资源的国际法律框架，加强海洋和海洋资源的保护和可持续利用。

一、海洋生态系统管理

海洋生态系统管理是指在科学认知海洋生态系统结构与功能的基础上，充分考虑海洋生态系统的整体性与内在关联性，对海洋开发活动、海域使用进行全面管理，以保护海洋健康和维持其生态系统服务功能，实现海洋资源的可持续利用和海洋经济的可持续发展。

基于生态系统的管理（EBM）是一种从生态、系统和平衡的角度思考解决环境资源问题的综合管理方法，这一理念最早于20世纪60年代提出。1972年，美国率先提出海岸带综合管理，对海岸带实施"综合开发、合理保护、最佳决策"管理。1992年，联合国环境与发展大会的21世纪议程中正式提出了海岸带综合管理的概念与框架，提出要从整个生态系统来管理海洋资源和人类的海洋开发活动，促进沿岸和近海环境综合管理及持续利用，形成了基于生态系统的海洋管理理念。

海洋生态系统管理逐渐被各国普遍接受并得以迅速发展，一系列海洋生态系统管理研究得以开展。其中，基于生态系统的渔业管理、基于生态系统的海岸带管理、海洋空间规划等方面的研究进展尤为突出。相应地，我国近年来对基于生态系统的海洋管理也开展了理念的推广与科学研究。研究海域涉及天津近海、胶州湾、莱州湾、江苏近海、黄海、东海等区域，主要侧重于研究围垦和渔业的影响及相关的海洋生态系统管理。

二、海岸带地区保护

海岸带地区的重要生物栖息地（生境）是海洋生态保护修复的重点对象。国际上一般将海岸带生境分为河口和海湾水体、沙滩、潮滩、沙坝潟湖、沙丘、贝壳礁、珊瑚礁、海岛、海草（藻）床、湿地、三角洲等类型。这些生境类型都具有独特的生物群落，有极高的生态价值。这些类型在空间上可能重叠和组合，例如，湿地通常与潮滩、沙滩等组合；沙坝潟湖通常与沙丘共生；三角洲通常包括其前面的所有类型等。主要通过选划保护地和圈定生态红线区等措施,保护海岸带独特的生物群落及其栖息地。

海洋储存了地球上约 93% 的二氧化碳(蓝碳),据估算为 40 万亿吨,是地球上最大的碳汇体,而且每年可清除 30% 以上排放到大气中的二氧化碳。与碳在陆地生态系统可储存数十年相比,埋藏在滨海湿地土壤中的有机碳和溶解在海水里的惰性无机碳可储存千年之久。科学家估算,不到海洋总面积 2% 的沿海栖息地封存的碳量却占到全球海洋沉积物中封存总量的大约一半。着力保护和修复红树林、海草和滩涂湿地成为国际共识和一致行动。

海岸带生境损害问题包括海岸侵蚀、港湾淤积、湿地破坏及退化、河口海湾淤堵、海岸地貌景观损毁等。导致海岸带生境破坏的主要影响因素包括气候变化、生物入侵、海洋污染和人为开发活动。海岸带生境损害修复是指对海岸空间不合理开发利用活动的整体治理和退化、损坏海岸环境的修复与恢复,目的是恢复海岸生态环境功能,提高海岸资源的开发利用价值。海岸整治修复主要包括海岸侵蚀防护、沙滩养护、海岸地貌景观恢复、海岸构筑物拆除与清淤、滨海湿地修复、海岸景观美化等。

我国自 20 世纪 80 年代以来,先后在渤海、黄海、东海运用了海洋生物人工放流增殖技术,并在南方海区开展了一系列的人工鱼礁技术试验。2003 年,我国首次启动关于海岸带生境修复的国家"863"计划课题。2017 年,国家海洋局出台《海岸线保护与利用管理办法》等重要制度,提出要加强海岸线保护与利用管理,保护优质沙滩、典型地质地貌景观以及红树林、珊瑚礁等重要滨海湿地,提升海岸与近岸海域生态功能,维护海洋生态系统的多样性、完整性,构筑国家海洋生态安全屏障。

三、近海生物资源可持续利用

随着人类对近海生物资源的开发利用规模越来越大,加上全球气候变化的影响,近海生态系统健康和渔业资源的可持续产出发生了显著变化。通过对全球 12 个近海和河口生态系统研究发现,90% 以上的重要海洋生物资源被过度开发甚至消耗殆尽,超过 65% 的海草和湿地栖息地遭受不同程度的破坏,并且造成严重的水环境污染。因过度捕捞直接造成的资源量骤减和环境恶化造成的关键栖息地退化，使得渔业资源已经呈现全球性衰退趋势，日益危及生态系统的健康和渔业资源的可持续性，并且这种趋势已从沿岸水域蔓延到近海水域，引起了各国科学家的广泛关注。

为了应对近海生物资源可持续利用所面临的挑战，国际上主要开展了以下三个方面的相关研究：一是全球变化背景下渔业种群的补充机制及其对环境变化的响应机制；二是区域性渔业种群资源变动研究，主要关注过度开发或衰退性渔业种群的资源补充过程、驱动机理及其对环境变化的响应机制；三是近海生物种群对全球变化的响应机制和基于生态系统的适应性管理。

渔业资源作为海洋生物资源的主体，因其对世界优质蛋白供应的特殊贡献，其资源变动和可持续利用问题备受关注。认识近海生物种群资源变动对环境变化响应的能力，探究生物资源的生产过程与机制成为"全球海洋生态系统动力学""海洋生物地球化学与生态系统整合研究"等国际科学计划的前沿研究方向。

致力于海洋牧场的研究、开发和应用已成为主要海洋国家的战略选择，也是世界发达国家渔业发展的主攻方向之一。海洋牧场是基于海洋生态学原理，利用现代工程技术，充分利用自然生产力，在一定海域内营造健康的生态系统，科学养护和管理生物资源而形成的人工渔场。到 2025 年我国将创建 178 个国家级海洋牧场示范区。

第四节　海水淡化与综合利用

海水淡化是利用海水脱盐生产淡水，即从海水中获取淡水的过程。海水淡化是实现水资源利用的开源增量技术，不受气候条件影响，具有供水稳定、水质优良等特性。进入 21 世纪，由于经济高速发展及全球人口的增加，水资源危机已成为仅次于全球气候变暖的世界第二大环境问题。海水淡化作为世界上常用淡水的获取方式之一，该技术从中东的沙漠地区扩展到全球的主要沿海国家。目前海水淡化主要是为了提供饮用水和农业用水,有时食用盐也会作为副产品被生产出来。在可持续发展的战略方针中,海水淡化作为增加淡水资源的研究对象,是解决 21 世纪水资源紧缺问题的最佳选择。海水淡化技术种类很多,达到 20 余种,目前应用最广泛的技术是海水淡化反渗透法和蒸馏法。因海水淡化综合利用因水价、投资等因素受到限制,且受耗能等制约,海水淡化总体成本比较高,目前在全球范围的发展还很缓慢。我国海水淡化研究水平及创新能力等虽然与国外仍有差距,但海水淡化产业发展前景广阔。

一、反渗透法海水淡化及综合利用

反渗透法通常又称超过滤法,利用只允许溶剂透过、不允许溶质透过的半透膜,将海水与淡水分隔开。在通常情况下,淡水通过半透膜扩散到海水一侧,从而使海水一侧的液面逐渐升高,直至一定的高度才停止,这个过程为渗透。此时,海水一侧高出的水柱静压称为渗透压。如果对海水一侧施加的外压大于海水渗透压,那么海水中的纯水将反渗透到淡水中。反渗透法的最大优点是节能,它的能耗仅为电渗析法的 1/2、蒸馏法的 1/40。因此,反渗透海水淡化技术发展很快,工程造价和运行成本持续降低,主要发展趋势为降低反渗透膜的操作压力,提高反渗透系统回收率,开发廉价高效的预处理技术,增强系统抗污染能力等。

由于海水反渗透膜材料的不断改进,反渗透技术现已成为海水淡化系统的主要工艺之一。2015 年美国研发出可大幅提高海水淡化效率的二硫化钼薄膜,其海水淡化效率比石墨烯薄膜高出 70%。目前我国以反渗透法为主,已建成的最大反渗透海水淡化工程为杭州水处理中心承建的河北曹妃甸 5 万吨/日海水淡化工程。另外,还开展了 NF-RO 集成海水淡化的研究。浙江六横水务的 10 万吨/日海水淡化工程已完成一期建设,建成后将成为国内最大的海水淡化同类工程。

二、蒸馏法海水淡化及利用

蒸馏法是通过加热海水使之沸腾汽化，再把蒸汽冷凝成淡水的方法。蒸馏法海水淡化技术是最早投入工业化应用的淡化技术，特点是即使在污染严重、高生物活性的海水环境中也适用，产水纯度高。蒸馏法中低温多效蒸馏法、多级闪蒸法又是目前已建成的海水淡化装机中占比较多的海水淡化技术。

低温多效蒸馏是指在海水最高的蒸馏温度不超过 70℃ 情况下，海水在排热冷凝器中被预热和脱气，之后被分成两股物流。一股物流作为冷凝液排弃并排回大海，另外一股物流变成蒸馏过程的进料液。蒸发和冷凝过程沿着一串被分成若干效组的降膜蒸发器进行，通过多次的蒸发和冷凝得到多倍于加热蒸汽量的蒸馏水。蒸馏法具有可利用电厂和其他工厂的低品位热、对原料海水水质要求低、装置的生产能力大等优点，是当前海水淡化的主流技术之一。法国 SIDEM 公司在低温多效蒸馏方面占据了全世界超过八成的市场份额。低温多效蒸馏技术近年来在国内的主要应用包括河北首钢京唐钢铁厂 5 万吨/日水电联产海水淡化工程、天津北疆电厂一期 20 万吨/日海水淡化工程等。2004 年 6 月，由国家海洋局天津海水淡化与综合利用研究所设计的 3 000 吨/日的低温多效蒸馏海水淡化工程在山东黄岛发电厂一次试车成功，并在此后通过了 9 个多月的运行考验。其海水淡化装置系国内第一台完全自主知识产权的多效蒸馏海水淡化装置，装置的国产化率达 99%。海水淡化装置的建设完成表明我国已初步掌握大型低温多效蒸馏海水淡化的成套技术。

多级闪蒸技术属于蒸馏法，是海水淡化中商业化应用较早的工艺之一。所谓闪蒸，是指一定温度的海水在压力突然降低的条件下，部分海水急骤蒸发的现象。多级闪蒸海水淡化是将经过加热的海水，依次在多个压力逐渐降低的闪蒸室中进行蒸发，将蒸汽冷凝而得到淡水。目前全球海水淡化装置仍以多级闪蒸方法产量最大，技术最成熟，运行安全性高，主要与火电站联合建设，适合于大型和超大型淡化装置，大多在海湾国家采用。国外海水淡化装置在 20 世纪 80 年代前多采用此技术。20 世纪七八十年代初，天津市科委支持了日产淡水百吨级的多级闪蒸中试研究,取得了一定的设计参数和经验。该技术在 1989 年首次引入我国,成功应用于天津大港电厂二期海水淡化工程,全套多级闪蒸装置均为美国进口,是迄今为止国内唯一一个采用多级闪蒸技术的海水淡化工程。

三、我国海水淡化与综合利用

海水淡化作为沿海地区城市缓解淡水资源匮乏对经济社会发展制约的重要途径,是应对水资源危机和水资源污染的重要手段。美国、日本、以色列、韩国等共同出资成立了海水淡化国际性研究机构——中东淡化研究中心,联合开展海水淡化研究,强化在国际海水淡化市场竞争中的合作,以期继续增强在国际海水淡化高端市场的垄断地位。我国政府高度重视海水淡化工作,采取了一系列措施推动海水淡化产业发展。我国的海水淡化应用也备受重视,在《国民经济和社会发展第十三个五年规划纲要》中,明确提出要"推动海水淡化规模化应用"。2016 年 12 月 28 日,国家发展改革委、国家海洋局联合发布了《全国海水利用"十三五"规划》。该规划明确提出,在沿海严重缺水城市,地方政府根据区域水源构成、水资源配置状况、用水需求和政策条件,逐步提高纳入当地水资源中的海水淡化水供水比例,将一定比例的海水淡化水作为应急保障水源。

> **阅读参考**
>
> **海水淡化统筹战略规划**
>
> 2019 年 3 月 22 日,美国白宫科技政策办公室(OSTP)发布《以加强水安全为目标的海水淡化统筹战略规划》报告,确定了支持美国海水淡化工作的首要目标和优先研究事项。
>
> **目标 1:减少风险并简化当地规划,以支持海水淡化。**
>
> 该目标通过未来联邦投资的两个优先事项,支持地方评估和海水淡

化规划方案，促进美国的水安全。优先研究事项1：评估水资源和未来的需求。优先研究事项2：开发海水淡化工具和制定最佳方案。

目标2：减少技术和经济障碍，使海水淡化技术得以应用。

该目标通过未来三个海水淡化规划优先事项实施，有助于促进高效海水淡化技术的使用，支持城市和农村、军事、救灾和人道主义用途的可持续供水。优先研究事项3：鼓励海水淡化的早期研发。优先研究事项4：开发小型模块化海水淡化系统。优先研究事项5：推进减少生态影响的海水淡化技术。

目标3：鼓励美国与国际合作，发展海水淡化技术。

该目标通过三个优先事项在国家和国际社会之间进行更有效的合作，进一步开发和创新海水淡化技术，促进全球水安全。优先研究事项6：加强联邦机构的协调。优先研究事项7：优化公私伙伴关系。优先研究事项8：与国际合作伙伴合作。

就国内的情况看，自20世纪末至21世纪初建成投产的海水淡化装置中各种技术的装机容量所占比例依次为：反渗透法占78.05%，蒸馏处理法占21.95%（其中多级闪蒸占66.67%，低温多效蒸馏占33.33%）。截至2010年年底，已建成海水淡化装置70多套，设计产能60万吨/日，年均增长率超过60%；具有自主知识产权的技术取得突破性进展，反渗透海水膜、高压泵、能量回收装置等取得明显进步，脱盐率由99.2%提高到99.7%以上。浙江舟山市和广东深圳市等入选试点城市，天津滨海新区、河北沧州渤海新区入选试点园区，浙江鹿西乡（岛）入选试点海岛，杭州水处理技术研究开发中心入选产业基地，天津国投津能发电为海水淡化供水试点。随着海洋经济战略地位日益提升，海水淡化产业化发展步伐将进一步加快。

成本太高是影响海水淡化推广的瓶颈之一，此外水价、投资等因素限制着海水淡化规模化应用。受耗能等制约，海水淡化总体成本比较高，比多数城市的自来水价格高,因此海水淡化的综合利用仍处于弱势。未来依靠技术进步,加大商用规模,商用后海水淡化价格有望降低至少 40%。膜技术创新是目前影响海水淡化反渗透工程的一个核心因素,作为反渗透海水淡化工程的核心,膜的性能直接影响整个工程的成本和产品水的性能。因此,膜技术的创新对海水淡化技术的普及具有非常重要的意义,且海水淡化反渗透膜的先进技术都来源于国外,所以膜技术的创新对我国的意义就更为重要。

第五节 海洋立体综合观测系统

海洋立体观测监视系统是利用多种技术手段,进行海洋综合、立体观测监视的组合系统,它以调查船观测、浮标监测和卫星遥感为三大支柱,并具有观测系统立体化、测量方法多样化、海上测量和资料传递处理一体化等特点,为现代化海洋科学研究和海洋开发利用的发展提供全面的海洋现象和时空变化规律资料。随着海洋观测技术的发展以及海洋数据通信保障技术的进步,世界各国已陆续建立了多个区域或全球性的海洋观测系统。

一、全球海洋观测系统

1989 年,联合国教科文组织政府间海洋学委员会(IOC)提出了建立全球海洋观测系统(Global Ocean Observing System,GOOS)的设想。1993 年,IOC 第 17 届大会通过决议,决定正式成立政府间全球海洋观测系统委员会。在 1999 年召开的 IOC 第 20 届大会期间,召开了由各国政府部门负责人士参加的会议,就 GOOS 的原则和战略计划签署了协议,各国做出了推进 GOOS 计划的承诺。这标志着 GOOS 计划的实施进入了一个新阶段。

根据 IOC 的设计,GOOS 系统将是一个经过科学设计的用以持续地获取、处理和分析海洋学数据的永久性国际系统。GOOS 计划的具体任务是:研究并确定全球从事海洋环境保护、科研和海洋开发利用的各个领域对海洋资料的需求；制定和实施统一协调的为实际需要服务的资料获取、收集、存档与合成的战略；促进资料产品的开发利用；帮助欠发达国家增强获取、提供和使用海洋资料的能力；协调海洋观测活动，促进 GOOS 系统同其他全球观测和环境管理工作相结合。GOOS 由 5 个模块组成：气候监测、评价与预测；海洋生物资源监测与评价；海岸带环境及其变化监测；海洋健康评价与预测；海洋水文气象服务。

二、全球实时海洋观测网

2000 年启动的全球实时海洋观测网（Argo）在美国、日本、法国、英国、德国、澳大利亚和中国等 30 多个国家和组织的共同努力下，已经于 2007 年 10 月在全球无冰覆盖的开阔大洋中建成一个由 3 000 多个 Argo 剖面浮标组成的实时海洋观测网（核心 Argo），用来监测上层海洋内的海水温度、盐度和海流，以帮助人类应对全球气候变化，提高防灾抗灾能力，以及准确预测诸如发生在太平洋的台风和厄尔尼诺等极端天气或海洋事件等，这是人类历史上建成的首个全球海洋立体观测系统。

目前，在全球海洋布放的 Argo 浮标数量已经超过 12 000 个，累计获得了约 150 万条温度和盐度剖面的信息，比过去 100 年收集的总量还要多，且观测资料免费共享，被誉为海洋观测技术的一场革命。国际 Argo 计划正从"核心 Argo"向"全球 Argo"（即向季节性冰覆盖区、赤道、边缘海、西边界流域和 2 000 米以下的深海域以及生物地球化学等领域）拓展，最终会建成一个至少由 4 000 个 Argo 剖面浮标组成的覆盖水域更深、涉及领域更宽广、观测时域更长远的真正意义上的全球 Argo 实时海洋观测网。

三、美国综合海洋观测系统

美国综合海洋观测系统（IOOS）是美国国家海洋和大气管理局（NOAA）主持协调的跨系统联邦计划。IOOS 是一个协调计划，在美国各地已经建立的成百个近海观测系统的基础上，建设相互协调的全国主干系统和地区子系统，成为进行海洋现场观测、数据管理和服务的全国性业务系统。

IOOS 的远景是领导整合海洋、海岸带和大湖区的观测力量，最大限度地获得数据和信息产品，建立一个完全综合的海洋观测系统，通过该系统可以改进对生态系统和气候的理解、保护海洋生物资源的持续利用、改善公共安全和健康、减少自然灾害和环境变化的不良影响、强化对海上商业和运输活动的支持，为决策提供依据，促进国家和世界的经济、社会以及环境的持续发展。IOOS 在区域空间上包括国内和国际两部分。国内区域部分由 11 个子系统组成，在国际层面上，IOOS 就是全球海洋观测系统（GOOS）计划的美国部分。在系统设计方面，IOOS 为达成自身观测与服务的目标，由观测、数据管理、模拟分析 3 个子系统组成。

四、加拿大海王星海底观测网

加拿大海王星海底观测网覆盖整个东北太平洋区的胡安·德富卡板块，揭开了地球科学研究的新篇章，是世界上第一个区域性海底电缆观测网络，拥有全长 800 千米的主干网，通过主干动脉光电缆连接位于 5 个汇结端上的仪器设备对海底进行长期实时观测，并通过强大的数据管理和存档系统实时传输观测数据，供科学家和科学爱好者们免费使用。

加拿大海王星海底观测网首次采用了海底光缆不间断电源与通信及组网技术，解决的主要关键技术问题是：可最大支持 10 个节点与岸站的连接能力，每个节点传输 9 千瓦电能，每个节点与岸站间 20 吉比特/秒的双向通信及管理，为大量的单个实验提供以太网数据通信，海量实时与历史数据的管理，3 000 米级水深情况下 25 年预期寿命的构造设计，高可用性与独立性等。主要应用：观测海底火山的活动状态；实时监测本区地震和海啸活动；探索矿物、金属和碳氢化合物资源；探究海洋与大气间的相互作用、气候变化；海洋温室气体的循环过程；海洋生态体系的奥秘；海洋的周期变动能源和资源的滋生再生过程；海洋哺乳动物群落；海洋渔业储备；污染和毒性绽放等。

五、我国首个全球实时海洋观测网

2018年1月,在西北太平洋海域,"科学"号上的科考队员将中船重工七一○所研制的HM2000型剖面浮标缓缓放入海面。这是我国新一代海洋实时观测系统(Argo)计划自2002年实施以来布放的第400个剖面浮标,也是我国布放的第30个国产北斗剖面浮标。至此,我国正式建成首个全球实时海洋观测网。这些浮标主要分布在西北太平洋、中北印度洋和南海海域,基本覆盖了由我国倡导的"21世纪海上丝绸之路"沿线海域。中国Argo实时海洋观测网是我国海洋观测史上唯一以深海大洋观测为主,覆盖范围最大、持续时间最长,且建设资金投入最少的海洋立体观测系统。中国也已成为第9个有能力向全球Argo资料中心提交浮标观测资料的国家之一。

中国Argo计划自2002年初组织实施以来,截至2019年9月,已经在太平洋、印度洋等海域投放了428个Argo剖面浮标,其中有78个浮标仍在海上正常工作。中国Argo计划批量布放的北斗剖面浮标,实现了我国海洋观测仪器用于国际大型海上合作调查计划零的突破,并打破了全球实时海洋观测网中剖面浮标由欧美国家一统天下的局面,以此建立的"北斗剖面浮标数据服务中心(中国杭州)"也成为继法国和美国之后第三个有能力为全球实时海洋观测网提供剖面浮标数据接收和处理的国家平台。

思考题

1. 对比其他类型深潜设备,载人深潜器的优势是什么?
2. 海洋生物制药有哪些独特的价值?
3. 破坏海岸带生境的主要因素有哪些?
4. 什么是海水淡化?海水淡化最常用的技术有哪些?
5. 美国综合海洋观测系统(IOOS)的主要功能是什么?

第十讲
基础前沿研究

　　基础前沿研究的重大突破，推动着知识体系的演进与变革，改变着人类对自然和自身的认识，不断夯实人类文明进步的基石。基础前沿研究的发展推动着新技术的变革和进步，导致了核能、半导体、计算机和激光技术等划时代创新，也为产业结构革命及国民经济发展做出了实质性的贡献。

　　当前，新一轮科技革命和产业变革蓬勃兴起，宇宙演化、物质结构、生命起源、意识本质等一些重大科学问题的原创性突破正在开辟前沿新方向，数学与复杂系统科学在深度和广度上有力推动着当今科学技术的迅猛发展。

第一节　宇宙演化

探索宇宙起源是人类的永恒追求，物理和天文观察手段的跨越式进步使宇宙学的研究从理论、假设逐步过渡到定量研究的阶段。1917年，爱因斯坦在广义相对论和宇宙学原理的基础上建立了一个静态宇宙模型，奠定了现代宇宙学的基础。1922年，苏联数学家弗里德曼在广义相对论的框架下论证了宇宙是在膨胀或收缩。1948年，美国物理学家伽莫夫等提出了大爆炸宇宙模型，认为宇宙在137亿年前大爆炸发生那一刻是处于极密超高温的状态，随后宇宙逐渐膨胀、冷却演化至今，后续的大量观测结果为该模型提供了很好的支撑，大爆炸宇宙模型取得巨大的成功，被称为宇宙学标准模型。然而，该模型存在着一些无法解决的问题。1980年，美国物理学家阿兰·固斯提出了暴胀理论，指出早期宇宙空间以指数律的速度膨胀。近年来，大量的天文观测结果强有力地支持了"暴胀+暗物质+暗能量"的宇宙学模型。

最新的观测表明，我们"看得见、摸得着"的普通物质只占宇宙的5%，而宇宙的主要成分是暗物质（占25%）和暗能量（占70%），我们完全不知道它们是什么。揭开暗物质和暗能量之谜，将是人类认识宇宙的又一次重大飞跃，可能导致一场新的物理学革命。

一、暗物质

暗物质指的是在宇宙中还没有被我们"看到"的物质。这里的"看到"指的是通过先进的技术和设备探测来自太空不同物质发射的各种波段的电磁波。20世纪70年代，美国天文学家鲁宾（Vera Rubin）对旋涡星系的观测无可争议地表明了暗物质的存在。迄今为止，人们在各种尺度的天文观测中都发现了暗物质存在的证据。然而，暗物质的本质是什么，它是由什么基本粒子组成的,这些基本问题却仍未得到解决。因此,理论物理学家提出了很多暗物质粒子的模型。其中,大质量弱相互作用粒子是较为流行的暗物质粒子候选者。此外,还有轴子、惰性中微子等。

暗物质的探测方法有三种。一是直接探测,探测目标主要包括大质量弱相互作用粒子和轴子。美国大型地下氙(LUX)实验、意大利XENON1T实验和我国锦屏地下实验室开展的CDEX和PandaX暗物质探测试验搜寻的是大质量弱相互作用粒子,美国轴子暗物质(ADMX)实验搜寻的是轴子。二是间接探测,在太空通过宇宙射线探测器观察湮灭的暗物质,如安装在国际空间站上的阿尔法磁谱仪和我国的暗物质粒子探测卫星"悟空"。三是通过加速器创造出暗物质粒子,如欧洲核子研究中心的大型强子对撞机。

我国暗物质研究

我国的暗物质研究包括空间、地面及地下实验。在空间实验方面,"悟空"号暗物质粒子探测卫星是目前世界上观测能区范围最宽、能量分辨率最优的暗物质粒子探测卫星。此外,科学家还提出了在我国空间站上进行暗物质实验的方案。在地面实验方面,利用位于我国西藏羊八井宇宙线基地的ARGO中-意合作宇宙线实验,通过分析宇宙射线与大气的相互作用来间接探测暗物质粒子。在地下实验方面,我国的锦屏地下实验室是世界最深的地下实验室,位于四川省凉山彝族自治州锦屏山下,岩石覆盖厚度达2 400米,空间容积约为4 000立方米。清华大学牵头的暗物质实验合作组以及上海交通大学牵头的熊猫计划团队同时在锦屏地下实验室开展直接探测暗物质实验。

二、暗能量

暗能量是一种不可见的、能驱动宇宙运动的能量。1998年,两个研究小组通过对遥远超新星的观测,发现了宇宙在加速膨胀,揭示了暗能量的存在。该发现获得了 2011 年的诺贝尔物理学奖。暗能量比暗物质更"神秘",它基本不参与电磁弱相互作用和强相互作用,而且与具有正常引力作用的暗物质不同,它的压强是负的,因而几乎不可能在地球试验中发现。

自 1998 年发现宇宙加速膨胀以来,人们提出了许多暗能量模型来解释宇宙加速膨胀这一事实,同时,世界主要科技强国都在集中优秀科学家的力量,投入巨资建立大型巡天实验装置,以试图揭开宇宙加速膨胀之谜。比如欧洲的普朗克卫星和欧几里得卫星,美国的斯隆数字化巡天第三期和第四期、暗能量巡天、大型综合巡天望远镜等,以及澳大利亚和南非联合开展的平方公里阵列射电望远镜。

暗能量的性质是当代物理学和宇宙学的核心问题之一,而暗能量的特性使得宇宙学观测成为探索暗能量的主要甚至可能是唯一的手段。通过宇宙学观测,我们有望精确测量暗能量的密度、状态方程和演化。

三、中微子天文学

迄今为止,人类对宇宙起源和演化的了解主要借助于光子探针或者电磁波,其波段从无线电、红外线、可见光、紫外线、X 射线一直延伸到伽马射线。对宇宙线的观测使我们看到了太阳系外更多的宇宙景观,因而作为宇宙线主要成分的质子成为把遥远天体的物理信息传递给人类的另一位信使,尽管质子所携带的正电荷使得它容易受到宇宙空间磁场的影响。更为奇特的宇宙第三信使是中微子,它很有可能成为我们揭示宇宙结构和天体起源所必备的最有力的工具之一。

2002 年的诺贝尔物理学奖推动了中微子天文学的兴起。获得这一殊荣的雷蒙德·戴维斯和小柴昌俊分别探测到了来自太阳内部核聚变产生的中微子和超新星 SN1987A 爆发产生的中微子。前者首次给出了中微子质量不为零和中微子振荡的实验证据,而后者为研究超新星爆发的动力学提供了宝贵的数据。除了恒星(包括太阳)中微子和超新星中微子,来自活动星系核、伽马射线暴、暗物质湮没和其他遥远天体源的超高能中微子能够带给我们更多关于银河系内外、甚至可观测宇宙之外的重要天文学信息。不仅如此，宇宙空间还弥漫着大量从宇宙大爆炸遗留下来的中微子，它们形成了类似于宇宙微波背景的宇宙中微子背景。这种宇宙背景中微子的数量仅次于宇宙背景光子的数量，远远大于宇宙空间中电子、质子、中子和其他已知粒子的数量。数量如此巨大的宇宙背景中微子不可能不影响宇宙的演化进程。即便中微子只具有微小的静止质量，它们也会对整个宇宙的物质密度有所贡献。目前的估算表明宇宙背景中微子至少占整个宇宙物质总量的千分之一。

宇宙背景中微子、恒星中微子、超新星中微子和超高能中微子都是中微子天文学的重要研究课题。现有的高能中微子实验装置包括美国冰立方中微子天文台（IceCube）、俄罗斯立方公里中微子望远镜，以及建设中的欧洲立方公里中微子望远镜。IceCube 于 2013 年首次捕捉到源自太阳系外的高能中微子。科学家评论指出，中微子天文学从此进入新时代。2016 年，IceCube 首次探测到来自银河系以外的高能中微子信号。2018 年，IceCube 将其捕捉到的高能中微子成功溯源到一个距地球约 37.8 亿光年的耀变体，首次精确定位高能中微子起源。

第二节 物质结构

物质结构是研究物质的微观结构，以及结构和性能关系的科学，涉及电子、原子、分子等微观物体的运动。人类对物质结构认识的不断深入，开拓了化学、凝聚态物理、原子物理、原子核物理以及粒子物理，同时开发出各种先进技术，极大地改变了人类的生活。

人们对微观物体运动规律的认识从经典力学逐渐发展到量子力学，量子力学的建立从根本上改变了人类对微观世界的认识。扫描隧道显微技术、飞秒激光技术等实验手段的发展，已经使原子、电子、光量子等量子世界的对象逐渐变得可以"看得见""摸得着"，可以调控。人类对量子世界的深入探索使"探测时代"走向"调控时代",其突破将为能源、信息、材料等科学技术的发展开辟广阔的前景。

一、希格斯玻色子

希格斯玻色子是自旋为零、具有质量、不带电荷的粒子,是标准模型中最后一种被发现的粒子。标准模型是粒子物理学里描述强力、弱力及电磁力这三种基本力以及组成物质的所有基本粒子的理论,自20世纪60年代逐渐发展形成。标准模型包括了迄今为止所有已发现的基本粒子和相互作用,多年来被大量的实验所证实。希格斯玻色子是整个标准模型的基石,如果希格斯粒子不存在,意味着整个标准模型将失效。此外,希格斯玻色子也是基本粒子的质量来源。

希格斯玻色子是英国物理学家彼得·希格斯于1964年提出的,20世纪80年代早期,欧洲核子研究中心(CERN)拉开了实验寻找希格斯玻色子的序幕。80年代中期,CERN建造了长达27公里的大型正负电子(LEP)对撞机环来搜寻希格斯粒子。随后,美国物理学家提出要求建造极为昂贵的超导超级对撞机(SSC)来搜寻希格斯玻色子,然而美国国会在1993年停止了该项目,当年的预算已超过100亿美元。20世纪90年代末,LEP对撞机的能量已超出了其设计值,但物理学家们仍未从中发现任何表明希格斯玻色子存在的证据。随后LEP对撞机关闭,进行长达10年的大型强子对撞机(LHC)建设。在一段时期内,美国费米实验室一枝独秀,经过十多年的努力,但仍未发现希格斯玻色子。2010年,LHC开始运行和采集数据。2012年7月,CERN宣布发现了新粒子,称之为"类似希格斯粒子"。2013年,CERN的科学家确认这个粒子是希格斯玻色子。2013年10月,比利时物理学家弗朗索瓦·恩格勒和英国物理学家彼得·希格斯因希格斯玻色子的理论预言,获得了诺贝尔物理学奖。

希格斯玻色子的发现标志着粒子物理学进入了一个全新的时代。欧洲和美国在希格斯玻色子发现之后,迅速调整了自己的粒子物理学战略,确定了希格斯玻色子是未来研究的最高优先级领域之一，希格斯玻色子成为开拓粒子物理学的新工具。

二、量子材料

量子材料指的是由于其自身电子遵循的量子力学规律而产生奇异物理特性的材料，如石墨烯、铜氧化物高温超导体、铁基超导体、拓扑绝缘体、拓扑半金属、过渡金属硫化物、二维黑磷等。正如半导体的发现变革了计算和信息存储，并迎来了目前达千亿美元的电子产业，量子材料也具有变革能源和相关技术，以及数据的存储和处理的潜力，并可能产生惊人的经济效益。

量子材料可能会使量子计算、神经形态计算等新计算方法得以实现。量子材料可用于计算和信息存储中低能耗的新器件、未来的量子计算机中的组件，以及未来的信息处理器等。随着量子材料的不断开发，量子计算机和能模拟人脑的神经形态计算机将会打造成功。此外，目前的"经典"计算也会随着量子材料的发展而得到振兴。日常生活中所依赖的便携式电子设备（手机、平板电脑、笔记本电脑和相关的云基础设施）消耗了大量能源且在快速增长。量子材料可实现更小和更节能的信息通信技术（ICT）设备，减少能源消耗并提高性能。

量子材料中最引人注目的现象之一是超导电性。目前世界上最强大的磁体是用超导材料构建的，已用来加速对撞机中的高能粒子和通过磁共振成像诊断疾病。量子材料可以用于磁悬浮列车、大功率输电线路，用于电网稳定的故障限流器和大功率互连，以及使用超导线圈来产生磁共振成像（MRI）所需的高磁场等。量子材料超导性的更广泛应用，可能在能量传输、生产和存储方面节省数百亿美元。

第三节　生命起源

生命起源和进化是人类面临的基本科学难题之一。当人类认识到自身生活的世界上有"活"的生命和"死"的自然之区分之后，必然就会提出这样的问题：生命究竟是怎样产生的？从何而来？何时而起？生物为何如此多样？生物多样性是如何形成的？这些问题困扰了人类几千年。

在宗教之外，科学以"经验"和"实验"为基础，探索着生命的本质，发展了特创论、无生源论、生源论、泛胚种论、化学进化论等许多试图解释生命起源的理论。因此，对"生命何处来"这个问题的回答，既反映了不同的世界观，也反映了人类对生命本质探索和认识的历史过程。

一、化学进化论

化学进化论主张从物质的运动变化规律来研究生命的起源，认为在原始地球的条件下，无机物可以转变为有机物，有机物可以发展为生物大分子和多分子体系，直到最后出现原始的生命体。

苏联生物化学家奥巴林、英国学者霍尔丹先后提出了生命起源假说（后人称之为"奥巴林-霍尔丹假说"），他们都认为地球上的生命是由非生命物质经过长期演化而来的。地球上的生命起源于地球早期物质长期的化学演变的这种观点被称为化学起源说，这一过程称为化学进化，以别于生物体出现以后的生物进化。1953年，美国科学家米勒设计的放电实验向人们证实，在原始地球的条件下，生命起源的第一步，即从无机物形成有机小分子物质，是完全可能实现的。

目前，支持化学进化论的实验证据越来越多，已为大多数科学家所接受。可以说，化学进化论是现代自然科学综合研究的必然结果，它为我们了解生命起源打开了新窗口和新思维，促进了现代生命科学的研究。然而，生命的起源至今仍是个未解之谜，许多问题有待解决。目前，天文学家、生物学家、物理学家、数学家和地质学家等正从不同角度对这一问题进行深入探索。

二、合成生物学

以构建"人造生命"为目标的合成生物学为研究生命起源和进化提供了崭新的思路、策略和手段。合成生物学是以基因组学、分子生物学知识和分子生物学技术为基础，融入工程学思想，将"自下而上"的"设计合成"的研究理念与系统生物学在组学基础上建立的"自上而下"的"综合分析"的研究理念相结合，它是具有巨大科学创新和应用潜力的新兴交叉学科。它使生命科学研究和生物技术开发进入人工设计、合成自然界中原本不曾出现的"人造生命"体系以及利用这些"人造生命"体系研究自然生命规律为目标的新时代，在世界范围内激起了新一轮思想探索、理论研究和技术革命的浪潮。

近年来，"人造生命"是生命科学发展最激动人心的重大突破，科学家已经从最简基因组的认识，经过基因组导入，走到了基因组合成与可复制遗传物质的膜微粒"原细胞"合成的阶段，开辟了合成生物学这一新领域，为研究生命起源和进化开辟了整合的、精准实验的崭新途径。2002年，美国纽约州立大学在历史上首次利用人工从化学单体合成了病毒——脊髓灰质炎病毒。自此，合成生物学发展迅速。2008年、2010年，美国又首先合成了生殖道支原体基因组和噬菌体基因组，创造了首例"人造细胞"。2014年，美国首次成功合成酵母的1条染色体，在酵母细胞内呈现正常功能。2017年，《科学》杂志报道了另外5条酵母染色体的合成，其中4条以中国学者为主完成。

合成生物学在成为科学界和世界各大媒体关注焦点的同时，也引发了各种争议。美国、德国、瑞士等国家以及一些国际组织相继对合成生物学在医学、环境、生物防护等方面的潜在益处和风险进行评估。同时，合成生物学在社会经济发展中可能发挥巨大潜在作用，它可能引发的一系列社会、伦理、法律、安全，以及知识产权的形成、界定、保护、利用等问题已受到普遍重视。

第四节　意识本质

探索智能的本质，了解脑结构及其认知功能，不但是脑与认知科学领域中的基本问题，也是最具挑战性的科学命题之一。现代生物学、信息科学与相关科学技术的发展，为脑与认知科学研究提供了新的方法与工具。在分子及细胞水平分析大脑活动,通过行为研究对相关基因功能加以验证,在不同层次上系统了解脑结构与智能的关系,将有助于脑与认知科学更快发展。同时,脑与认知科学的发展也推动了信息科学、医学生物学以及教育学等相关领域的发展,如机器人环境感知、计算机视觉、图像识别与理解、语音识别与合成、自然语言理解与机器翻译等。

脑与认知科学是心理科学、信息科学、神经科学、科学语言学、比较人类学以及其他基础科学相互交叉形成的。学科领域包括知觉、注意、记忆、行为、语言、推理、抉择、思考、意识、情感动机及其生物学基础。脑与认知科学也涉及神经精神疾病的发病机制与防治,以及机器智能等方面的研究与应用。随着脑与认知科学的发展,新的学科分支也在形成,如分子认知科学以及社会认知科学等。

根据世界卫生组织(WHO)的调查,心理障碍(包括自杀)是全球仅次于心脏病的第二大疾病,排名在癌症、呼吸系统疾病和感染性疾病之前。流行病学调查显示,神经和精神疾病的治疗约占医疗总费用的20%,居各种疾病的首位。神经退行性疾病给个人、家庭、社会造成了沉重的精神和经济负担,认知功能障碍已经成为相关领域的重大疾患,心理健康问题也日益突显。经济快速发展,社会竞争加剧,对人类个体认知、情感、意志、个性的形成和发展等具有重要影响,可能导致情绪应激和心境障碍等疾患。这些问题均与人的精神、脑功能和认知障碍有关,需要研究人类认知神经机制以及认知功能障碍的发病机理。

采用脑科学、认知科学、人工智能、神经科学、心理学、分子生物学、数理科学、计算机科学、信息科学等多学科交叉的技术方法,以揭示知觉信息处理、记忆、意识、社会认知等脑高级功能的神经基础为突破口,探索脑和智能的关系,描绘出人类大脑学习、记忆和情感等重要认知行为的神经网络图谱,解决认知科学领域若干关键前沿问题,为认知功能障碍疾病以及社会心理问题的防治提供了理论依据。发展认知脑成像和人工智能的新技术,为建立智能系统的计算理论寻找新的思路。

第五节　数学与复杂系统科学

数学是对现实世界数与形简洁、高效、优美的描述，其显著特点是内部抽象性、外部有效性、推理的严谨性和结论的明确性。用著名数学家希尔伯特（Hilbert）的话讲："数学是一切关于自然现象的严格知识之基础。"

20世纪中叶以来，数学内部各学科相互渗透融合，新兴学科不断出现，一些有上百年历史的重大猜想，如费马大定理、庞加莱猜想得到解决，开普勒猜想借助计算机得以证明。一些重大问题，如朗兰兹纲领，不断取得重大突破。数学进入快速发展的时期。

数学与自然科学交叉、渗透、融合，突出的例子是科学与工程计算的兴起，由此产生了计算流体力学、计算材料学、计算经济学、计算地理学等新兴交叉学科。计算技术飞速发展，使得数学和工程技术在更广阔的范围和更深刻的程度上相互作用，极大地推动了数学和工程技术的进步。例如，虚拟现实、通信技术、互联网、信息安全、数字化设计制造等信息技术，无一例外地依赖于深刻的数学理论。

数学科学的发展为科学技术的发展提供了有力工具。例如，黎曼建立的黎曼几何，为广义相对论提供所需的工具。量子力学的创立也是在冯·诺依曼发表《量子力学的数学基础》后，才得以完备。数学家冯·诺依曼和图灵在现代意义计算机的发明中起了决定性的作用。华罗庚教授在其撰写的《大哉数学之为用》中精彩地叙述了数学的各种应用：宇宙之大、粒子之微、火箭之速、化工之巧、地球之变、生物之谜、日用之繁等各个方面，无处不有数学的重要贡献。数学与系统科学的特点决定了它是"基础中的基础"。数学与其他学科的交叉，极大地推动了科学的发展。在生物学、医学范畴中应用了数学的工作，曾数次帮助多位科学家获得诺贝尔生理学或医学奖。

许多重大科学技术问题由于其复杂性无法从理论上解决，而且难以进行实验，但却可以进行计算机模拟。数学、计算机科学与自然科学交叉产生的计算科学大大加强了人们科学研究的能力，计算科学与理论和实验一起并列成为科学研究的三大支柱。由于数据获取手段的飞速发展，生命、天文、粒子物理、信息等领域出现了高维、非结构、不确定、海量的复杂数据，为了处理这些数据，正在形成数据驱动的第四种研究范式。

随着现代科学的深入发展，越来越多的重要问题不能完全用过去的还原论解决，因而催生了复杂性科学。复杂性科学或复杂系统研究的基本任务是寻找复杂系统中蕴含的简单规律。复杂性科学主要包括自然界演化过程中形成的复杂系统、社会复杂系统、工程复杂系统等，涉及数学、自然科学、工程学、经济学、管理学和人文与社会科学等众多领域。近年来，互联网、基因测序、经济金融等复杂系统产生的高质量海量数据给复杂性科学研究带来新的契机，复杂性科学的突破可能出现在海量数据与复杂网络的结合处。复杂系统研究的实质性进展具有全局性和带动性，将有力推动许多学科疑难问题的解决。

思考题

1. 谈谈宇宙演化、物质结构、生命起源、意识本质等四大科学问题的重要性及其给人类带来的影响。

2. 四大科学问题的研究和发展是一个长期的过程，讨论支持其发展的必要性。

3. 基础研究的重大突破往往能导致有应用价值的原始创新。你能举出一些例子吗？

4. 人类从观察、认识微观世界逐步过渡到能调控它；从了解生命逐步过渡到能制造生命；从理解认知逐步过渡到能制造智能机器人，实现"人机整合"。怎样才能促进和加速这个过程？会产生哪些社会、经济、政治和伦理问题？

5. 讨论数学对未来科技发展的影响和作用。

参考文献

1. 白春礼. 当代世界科技［M］. 北京：中共中央党校出版社，2016.

2. 中国科学院. 科技发展新态势与面向 2020 年的战略选择［M］. 北京：科学出版社，2013.

3. 潘教峰. 中国创新战略与政策研究 2019［M］. 北京：科学出版社，2019.

4. 中国科学院. 科技革命与中国的现代化——关于中国面向 2050 年科技发展战略的思考［M］. 北京：科学出版社，2009.

5. 中国科学院. 2017 科学发展报告［M］. 北京：科学出版社，2017.

6. 中国科学院. 2018 科学发展报告［M］. 北京：科学出版社，2019.

7. 米黑尔·罗科，查德·米尔金，马克·赫尔萨姆. 面向 2020 年社会需求的纳米科技研究［M］. 白春礼，等译. 北京：科学出版社，2014.

8. 国家新材料产业发展战略咨询委员会. 十三五新材料技术发展报告［R］. 2016.